中国门禁社区的发展与治理

—— 以温州市为例

卢婷婷 著

上海交通大学出版社
SHANGHAI JIAO TONG UNIVERSITY PRESS

内容提要

本书选取我国民营经济和门禁社区发展较为活跃的温州市为案例,探讨住房改革后中国门禁社区的发展与治理,特别关注当前城市郊区化与城市更新进程中门禁社区在土地开发、社区治理、人地关系三方面呈现出的动因和影响机制,旨在为丰富全球门禁社区理论提供来自中国城市的实证依据,为优化门禁社区发展和治理提供基于社会公平角度的思考依据。

图书在版编目(CIP)数据

中国门禁社区的发展与治理 / 卢婷婷著. —上海:上海
交通大学出版社,2019
ISBN 978-7-313-22329-6

Ⅰ.①中…　Ⅱ.①卢…　Ⅲ.①房屋建筑设备-安全设
备-研究-中国　Ⅳ.①TU89

中国版本图书馆 CIP 数据核字(2019)第 254740 号

中国门禁社区的发展与治理
——以温州市为例
ZHONGGUO MENJIN SHEQU DE FAZHAN YU ZHILI:YI WENZHOUSHI WEILI

著　　者:卢婷婷			
出版发行:上海交通大学出版社	地　　址:上海市番禺 951 号		
邮政编码:200030	电　　话:021-64071208		
印　　刷:当纳利(上海)信息技术有限公司	经　　销:全国新华书店		
开　　本:710mm×1000mm　1/16	印　　张:9		
字　　数:149 千字			
版　　次:2019 年 12 月第 1 版	印　　次:2019 年 12 月第 1 次印刷		
书　　号:ISBN 978-7-313-22329-6			
定　　价:68.00 元			

序　言

本书研究的对象是所谓的"门禁社区"，或者又叫封闭小区。当然门禁的程度有异。其实在中国，居住区有门禁并不稀奇。历史上的街坊或者里弄，有时为了安全，也有简易的门；单位大院或者宿舍区，也往往有门卫。但是在商品房建设兴起后，门禁越发兴盛也愈加严格。而在西方，居住区一般没有门禁。近来出现的门禁现象就引起学者的浓厚兴趣，也引发了学界的轩然大波，争议在于这是否标志着"城市的消亡"。随之出现了一个国际研究新课题——门禁社区（Gated Communities）。但是对于门禁社区的定义很有问题。部分研究坚持把门禁社区在西方的成因之一"私人治理"放入定义，认为研究门禁社区不能研究门禁本身，而是应该研究"私人治理"。用基于西方想象的定义来衡定中国城市的具有一定封闭程度的小区，就出现了困境。一些研究纠缠在到底是研究门禁还是私人治理，甚至认为中国没有门禁社区，因为对私人治理的程度有疑虑。或许，这种定义的困境恰恰指出中国封闭小区的多样性，为门禁社区研究开拓视野增添新的想象和解释。

卢婷婷博士深入调查了温州的各类除了城中村之外的正规居住小区，对中国门禁社区进行了非常有价值的探索。她的研究发现，在商品房小区购房的居民对居住的私密要求和居住质量的要求大大提高，由于很多商品房小区建设在基础设施薄弱、城市氛围稀疏的郊区，门禁式的开发成为一种自然而然的选择。从供给角度看，门禁社区也恰恰符合了郊区开发的需求，因为那里往往分隔成大地块、城市化程度低，开发商通过门禁社区装裱这些地区，使之成为城市居住区并提供最初的物业管理。更进一步的研究发现，中国新型的门禁社区有明显的供给导向。不光是开发商通过打造高档居住区来吸引购房者，地方政府也把这种门禁社区看成是最有效的开发和管理居住区的形式，也希望利用开发商来提供一些商品化的物业专业服务，甚至实现城市更新、住房保障等目标。供给导向刺激了门禁社区的演变,包括了普通商品房社区甚至动迁小区,这恰恰是西方研究基于超豪华、高档居住区的所谓"门禁社区"不能想象的。

更重要的是,中国所观察到的这些具有门禁的社区,虽然因居民对私密的需求而出现了一些物业管理方式的变化,但是这些尚不足以称为私人治理。中国门禁社区确实折射出因为建设方式改变而引起的治理方式变化,比如专业物业公司介入,业主委员会兴起,居民需要付费获得物业服务的资格,也就是"会员制"。但是对于社区治理的议题仍然需要仔细地研究,而无法套用西方的定义,去简单地回答这些封闭小区是否就是"门禁社区"。卢婷婷博士的研究向学界展示了一种全新的观察,因而极具理论的潜力。她对门禁社区的类型划分,开发机制的剖析,其中社会关系和对地方依恋的分析,说明门禁社区开发的政治经济过程和城市社会的后果,无法用(市)政府退出、居民通过购买市场化的服务形成小区自我管理,进而依据物业产权实现私人治理、城市消亡这样的一个逻辑来概括。这些社区服务的专业化,弥补了因为私密而减少互动及其引发的社区归属感淡泊,也解释了学界发现中国城市封闭小区呈现较强的社区归属感的原因。事实上,西方在经历了一阵子门禁社区研究热后,对这些凤毛麟角的高档社区的研究热度有所衰退。而在中国,门禁社区则呈现主流化。引入市场化的物业运作,使得社区治理更加复杂化。有些居住小区,市场化的物业就难以运作,显示了治理变革的局限。对中国所谓门禁社区的研究实际上是一个关于社区治理研究的切入点。卢婷婷博士的工作就显得非常有价值。虽然我对她的论文阅读批改多遍,但是阅读中文,还是给我有了新颖的感觉,欣然作序,祝贺并祝愿她取得更大的成就。

吴缚龙

伦敦大学学院巴特莱特规划教授

2019 年 10 月于上海

CONTENTS 目 录

第1章 绪 论

1.1 中国门禁社区研究背景

飞地城市主义(enclave urbanism)是近年出现的全球性现象,指城市空间以飞地的形式发展(Douglass et al.,2012)。其中最具代表性的是居住飞地(residential enclave),例如门禁社区(gated communities)和总体规划社区(master planned communities)等,主要起源于北美城市的郊区化。居住飞地的特点是具备可识别的边界和专业管理机构,使居住空间明显区别于其周边的环境。尤其自20世纪70年代以来,由于郊区犯罪率升高和种族隔离加剧,门禁社区成为主要的郊区居住形式之一(Blakely and Snyder,1997)。进入21世纪,门禁社区逐渐成为全球性现象。有关门禁社区的研究层出不穷,然而主要基于西方理论和经验,除少量研究外多忽视了全球南部(Global South)门禁社区的多样性(Bagaeen and Uduke,2012)。本研究认为考察中国门禁社区的发展与治理,对全面了解门禁社区这一全球性现象是十分必要的。

改革开放后,中国经济向市场经济转轨(Xu and Li,1990),社会经济发展制度逐步转型。特别是经济全球化以来,政府为实现经济发展目标进行人口资本和空间优化(Lin,2001;Wu et al.,2006;Zhou and Logan,2008;Zhou and Ma,2000)。在此背景下,城市居住空间的发展出现巨大变化(Huang and Clark,2002;Wang and Murie,2000;Zhou and Logan,1996)。深化住房商品化改革后,门禁社区作为中国城市住房发展的有效途径出现(Breitung,2012;Pow,2009a;Yip,2012;Zhang,2012),并伴随城镇化的深入演变出不同的类型模式。学界开始关注门禁社区呈现出的新的空间和社会—经济特征(He and Wu,2007;

Li and Wu，2008；Wu，2015a）。然而，有关中国门禁社区的发展与治理还缺乏系统性研究，很多重要的问题仍有待深入探讨：比如，住房改革后，中国门禁社区发展的动力机制是什么？如何解释中国门禁社区治理的差异性？这种差异性在多大程度上影响居民与门禁社区之间的关系？

本书选取浙江省温州市为案例城市对上述问题进行实证分析。温州市是中国民营资本表现最为活跃的企业家型城市（entrepreneurial city），自深化住房改革以来密集实践了以门禁社区为主要形式的住房发展，为研究中国门禁社区提供了有效且重要的实证依据。

1.2   本书研究目的与结构

本书首先论证门禁社区发展的动力机制。大量文献强调应从更广泛的政治、经济、社会和文化因素中探索门禁社区发展的动因（Le Goix，2005；Roitman and Phelps，2011）。尤其有城市发展进入后郊区时代（post-suburban era），门禁社区不再局限为一种抵御犯罪的防御性空间，而是呈现出多样性、复杂性和多孔性（porous），其背后的供应侧和需求侧驱动因素有待深入探讨。本研究通分析中国门禁社区发展新的特征、类型和动因机制，为丰富门禁社区全球性研究提供新的经验。

其次，本书对中国门禁社区的治理进行实证分析。门禁社区理论已经在中国城市语境下得到运用，主要体现为私人部门通过市场化手段供给公共物品和服务参与社区治理。然而，政府在城市治理中起着决定性作用（Feng et al.，2008；Wu，2016），鲜有关于政府在门禁社区治理中所发挥的影响以及与市场和居民之间内在关系的论述。另外，尽管门禁社区已经成为城市居住的主要空间，但居民的日常生活仍被研究忽视。分析这些实证证据，对于全面了解中国门禁社区进而揭示改革后中国门禁社区治理的作用机制具有重要的启发意义。

全书共分七章。绪论部分阐述了研究背景和研究目的，第 2 章是文献综述，第 3 章为研究方法论，第 4 章至第 6 章为实证研究，第 7 章为研究结论和启示。

第 2 章回顾有关门禁社区的现有文献，建立本研究的理论框架。首先分析了门禁社区的全球性发展。其次阐释门禁社区的三大核心特征和三个方法论视角，将门禁社区的概念具体化。最后对中国门禁社区的研究进行系统性回顾，着重分析住房改革后中国门禁社区发展的政治经济动因和社会空间影响,并从理论和实证两方面评述已有研究。

第 3 章阐述了研究框架和方法。简要介绍本研究对门禁社区分析的本体论和认识论,并阐述数据收集方法和数据分析方法。本研究基于大规模问卷调查获取的一手数据和基于文本分析获取的二手数据,运用定量分析和定性分析相结合的方法进行实证分析,最后简要阐述了学术伦理考量。

第 4 章以温州为案例城市,分析城市规划、土地政策、住房政策和宏观统计的数据,从政治经济视角分析地方政府发展门禁社区的根本驱动力。通过深入案例研究,分析门禁社区的不同模式、特征和开发过程。最后,揭示郊区化和城市更新过程中政府、市场和社会之间的权利关系结构,分析城市促增长联盟(pro-growth coalition)如何作用于门禁社区空间的不同发展。

第 5 章分析温州门禁社区的治理。首先分析我国社区治理的制度背景,随后对门禁社区治理的俱乐部化(clubbisation)机制展开了进一步调查,分析门禁社区治理模式的多样性及其特征。最后,通过对调查数据的统计分析,从公共选择视角阐述居民视角对门禁社区治理模式的选择,探讨产生不同偏好选择的决定性因素。

第 6 章从社会空间视角阐述温州门禁社区的日常生活,并分析门禁社区居民地方依恋的影响机制。首先概述门禁社区居民的社会经济状况及其日常生活的核心需求。通过对调查数据进行统计分析,从社区特征、居民的社会经济特征和日常生活行为等众多因素中,探索影响居民对门禁社区产生地方依恋的因素和作用机制。

第 7 章总结实证分析。首先回顾实证分析的主要发现,回答本书开篇提出的主要研究问题,然后对住房改革以来中国门禁社区的多元发展和治理进行理论概括。最后阐释门禁社区对中国城市更新和郊区化发展的广泛意义,试图为中国城市可持续发展提出有效的社会治理与空间治理建议。

第2章　中国门禁社区的概念化

　　全球化发展使门禁社区在各地兴起,也逐渐成为当前城市研究的热门课题之一(Blankley and Snyder,1997)。学界针对门禁社区的研究主要集中在三方面:一是门禁社区产生的动因;二是门禁社区治理的机制;三是门禁社区的经济和社会影响。尽管门禁社区的理论起源于欧美国家的发展经验,但是门禁社区在各地的实践均强调了当地特殊性的影响。研究中国当前社会经济制度下门禁社区发展的特殊动因、治理机制和动态效果,不仅为理解门禁社区这一全球现象提供了重要视角,也为研究中国改革开放后住房发展和治理转型提供了重要实证。

　　本章主要介绍中国城市门禁社区研究的理论背景。首先,从门禁社区的三个核心特征和三个方法论角度诠释门禁社区的概念。其中,三个核心特征包括安全考量、私人治理和美学景观;三个方法论角度包含制度、空间和社会的视角。其次,提出本研究的三个理论主题,即郊区化(suburbanisation)、私人治理(private governance)和地方依恋(place attachment),以此为理论视角对全球门禁社区研究进行论述。最后,系统评述关于中国门禁社区的现有研究,按照三个研究主题进一步阐释中国门禁社区的发展、治理和影响。

2.1　门禁社区:一个全球性现象

2.1.1　门禁社区的概念

　　门禁社区起源于美国,现已成为一种全球现象。一方面,门禁社区可以由简单的形态学视角来定义。在经典研究《美利坚堡垒》(*Fortress America*)中,Blakely和Snyder(1997:2)提出,"门禁社区是具有控制手段的住宅开发项目,具备大门、栅栏以及私人保安的形式,并强调门禁社区在形态上和物理上防御外来者"。在该视角下,预防犯罪、害怕他人和社会隔离等议题是门禁社区研究中反复出现的关键内容(Caldeira,1996)。

另一方面,Goix 和 Webster(2008)认为"门禁"一词只是一种委婉语(euphemism),并认为将门禁社区定义为"私人治理的社区"比将其视作城市堡垒更为合适。此观点强调门禁社区的产权私有化,并通过社区治理手段拒绝公众影响私有空间的利益。该研究明确了门禁社区作为私人治理社区的两方面特征:首先,门禁社区使社区空间、设施和社区服务私有化,专供居民使用;其次,门禁社区建立了具有一定经济能力和决策权的自治组织,以确保居民的利益。Chen 和 Webster(2005)基于该视角的研究指出,近年来对门禁社区的研究逐步往"所有权—治理—管理"(ownership-governance-management)问题上集中。

与此同时,美国学者 Low(2003:12)提出了基于人类学方法的新视角,将门禁社区定义为一种日常生活空间,具体描述为"有物理屏障、安全监控和入口控制,谢绝公众进入;通过封闭的形式,使公共空间和服务的使用权和所有权仅限于居民;同时,由专业管理公司和自治组织提供社区服务和社区治理"。在美国,典型的门禁社区起源于 19 世纪 50 年代的富人阶层社区,由于当时的种族和文化冲突,这些社区通过提高住房和社区生活的准入规范将低收入阶层的居民排斥在外(Low,2006)。自 20 世纪 60 年代末以来,门禁社区在中产阶级郊区进一步蔓延,特别是在美国南部的"阳光地带"(Sunbelt States)。该视角强调了门禁社区的社会文化属性,即是代表中产阶级的、同质性的和郊区生活方式的场所。

然而,门禁社区并没有在欧洲国家普遍发展。在英国,Webster(2001)认为门禁社区有两种变体。它们要么是在伦敦郊区的小规模高端住宅项目,具有一定程度的排他性;要么作为一种城市管理方法,用以区分伦敦市中心的公共住房区域和人行道区域。在西欧,如法国和西班牙,门禁社区的发展主要是服务于二套住房(second home)的消费需求。在其他的欧洲城市,如德国柏林将门禁社区作为市中心的豪华住宅引入住房市场(Marquardt and Glasze,2013)。

在全球南部城市,门禁社区的发展并不遵循与北半球相似的轨迹。许多地区的快速城市化使得城市空间碎片化和社会极化加剧。在巴西和阿根廷,建设门禁社区(Barrios Cerrado)主要为了打击犯罪,防止来自周围贫民窟的不稳定因素干扰(Coy,2006;Thuillier,2005)。Durington(2006)在南非的研究表明,后种族隔离的复杂社会状况、土地和财产所有权的复杂结构导致居民采用门禁社区的形式,由此保护私人产权的利益。在沙特阿拉伯,门禁社区是富裕家庭寻求隐私和身份感的主要手段(Glasze and Alkhayyal,2002)。在中国,由于改革后社会经济制度的变化,门禁社区出现了不同于以往居住社区的新特点(Huang,2013;Pow,2009a;Wu,2005;Zhang,2012)。本章的2.5节将集中阐述这些辩论。

2.1.2　门禁社区的三个核心特征

门禁社区虽然受到当地不同经济社会环境的影响,但总体上具有三个本质核心特征。第一个特征是安全考量(safety consideration)。美国的门禁社区最早主要采用堡垒城市的方式应对不断增加的移民和城市犯罪问题(Davis,1990),之后伴随社会分化,门禁社区强调采取安全管理措施来区隔"不想见的其他人"(unwanted others)(Coy,2006;Landman,2006)。Atkinson 和 Blandy(2005)指出,门禁社区的产生代表了美国日渐增长的都市恐惧,特别是精英和中产阶级对城市生活的焦虑。Webster(2001)认为,收入差距的不断扩大使居民对居住安全性的需求提升,同时,门禁社区作为一种相对稳定的房地产投资,为居民提供了资产的经济安全保障。Glasze 和 Webster(2005)认为,门禁社区的安全考量主要是由于城市治理权利分散,即中央和地方政府将预防犯罪保障安全的任务转移到了社区一级。

门禁社区的第二个核心特征是通过市场手段提供高效的社区服务和管理,即私人治理(private governance)。大量文献认为门禁代表一种私人治理模式,并对门禁社区的社区公共服务供给和社区治理进行重新界定(Charmes,2009;Le Goix and Webster,2008;Webster,2002)。McKenzie(1994)提出,实际上是由于政府福利制度的失效,门禁社区才开始采用私人治理的方式应对政府公共支出减少,克服政府在公共物品分配方面的不足。Webster(2002)创新采用"俱乐部经济"(club economy)理论阐释门禁社区的私人治理。Tiebout(1956)关于地方公共物品支出的理论(public goods)和 Buchanan(1965)的俱乐部经济理论强调俱乐部领域(club realm)可以通过付费计划和会员计划达到资源分配效率。基于以上理论,Webster(2001)认为,当公共领域无法提供足够数量的公共商品和服务时,门禁社区以俱乐领域的形式通过私人治理向居民提供基于市场机制的所需物品。但是,来自全球南部地区的证据指出,门禁社区采取私人治理是主要是受地方治理决策的影响,而不是居民主动形成俱乐部机制(Caldeira,2000;Landman,2006)。

门禁社区的第三大核心特征是美学景观（aesthetic landscapes），主要体现为中产阶级化的社区环境和生活方式。学者们指出，门禁社区出现在郊区化过程中，为了迎合居民对中产阶级消费的追求，强调怀旧的和审美化的物质环境（McGuirk and Dowling，2011）。Goix 和 Webster（2008）认为，门禁社区之所以追求审美化是由于受到美国文化的影响，即注重隐私、向往郊区生活方式，同时，中产阶级化的道德标准塑造也被用于维护门禁社区内部的社会秩序和居民行为。此外，门禁社区的审美化也与后现代文化有关，即通过提供美好的生活景象最大限度地提高城市土地和居住空间的经济回报（Knox，1991）。

2.1.3　门禁社区的三个检视视角

许多研究认为全球性现象的多样性源自资本、人口和意识形态从一个地区传播到另一地区同时受地方特殊性的影响（Grant and Rosen，2009；Landman，2006）。Roitman 等（2010）综合全球门禁社区的实践分析提出三个方法论的视角，即空间、制度和社会的维度。首先，门禁社区是土地和居住发展的新方向之一，也是城市郊区化的重要组成部分，应从空间维度加以研究。Blakely 和 Snyder（1997：153）进一步认为，门禁社区空间与郊区土地开发密切相关，是"有意为之的、经济性的"空间隔离。正如 Harvey（1985）论述，城市空间尤其是土地和住房，是资本化的一种重要手段，将全球剩余资本吸引到空间创造中。门禁社区作为一种郊区土地资本化的形式给地方政府带来了实际效益，一方面提高地方税收，另一方面为地方政府减少社区一级的公共支出。同时，门禁社区的发展也促进郊区化，不仅塑造了优质的居住景观美化郊区，又使快捷税收增长用于新一轮的郊区发展（Le Goix，2005）。

第二种观点强调了门禁社区的制度视角，主要是检视私人治理制度的影响。在城市层面，地方政府将分配公共物品的责任下放给私人部门，减少公共财政支出，由门禁社区充当为居民提供福利的机构（Foldvary，1994；Webster et al.，2002）。在社区层面，私人治理对公共商品和服务的再分配规则及规范进行了重构（Roitman et al.，2010），由此提高门禁社区的投资价值（Goodman and Douglas，2010）。此外，门禁社区成立了业主委员会等基层自治机构（McKenzie，1994；Webster and Lai，2003）。不过，也有部分学者质疑门禁社区的私人治理，包括经济的可持续性问题和自治的有效性问题（Durington，2011；Le Goix，2005）。

第三种观点关注了门禁社区的社会影响。许多学者认为门禁社区是社会经济属性同质化的中产阶级聚居地（Low，2003；Pow，2009a；Zhang，2012）。门禁社区一方面提倡社区内的道德文明标准来强化中产阶级身份（Duncan and Duncan，2001；Pow，2009a；Tanulku，2012），另一方面保护中产阶级不受外界社会价值观冲突的影响（Landman and Schönteich，2002；Low，2003）。但是，Blakely 和 Snyder（1997）认为门禁社区造成的社会隔离对城市层面的凝聚力产生了负面影响。

2.2　郊区化进程中的门禁社区

2.2.1　郊区空间发展

门禁社区的发展集中体现在郊区化进程中。Knox（2010）指出，门禁社区是郊区化的重要空间元素，在美国的各大都市区广泛可见。就本质而论，郊区化是一种资本积累的过程，强调提升空间的交换价值（Harvey，1985）。更重要的是，郊区发展在一定程度上依赖政府力量吸引新投资从而形成开放式增长，来自不同地区的经验都揭示了郊区化进程中政府的重要角色（Borsdorf and Hidalgo，2008；De Duren，2007；Roitman and Phelps，2011）。具体而言，发展型政府在土地使用功能、工业园区开发和公共资源分配三方面行使管辖权，推动郊区化进程（Ekers et al.，2012；Le Goix and Webster，2008）。郊区空间的开发普遍欢迎新自由主义市场，使郊区成为城市经济发展实践的前沿空间（Peck，2011）。

此外，Logan 和 Molotch（1987）提出的"增长联盟"（growth coalition）是研究郊区土地发展的重要理论，为检视郊区空间发展的权利结构提供了有效视角。郊区化进程中，地方政府往往遇到如何促进郊区增长的困境，需要联合私人部门，投资和参与提供住房、基础设施和社会服务。在此情况下，地方政府以土地和规划政策为工具，与私人部门结成了促增长联盟，共同推动郊区发展。同时，中产阶级的精英群体的郊区生活方式需求也是郊区增长的驱动力之一（Masotti and Hadden，1973）。因此，增长联盟以土地开发为空间营造的战略，改造郊区环境满足中产阶级的消费需求，促进当地经济增长。

居住空间发展对郊区化进程至关重要，同时郊区化也可能成为改变住房发展的重要因素。早在 20 世纪，蓬勃发展的郊区零售业激发了卫星城的发展

(Castells,1989;McDonald and Prather,1994)。郊区是前沿性的发展空间,正如 Peck(2011:885)所言,作为福特凯恩斯制度背景下,大都市的延伸展示了大众消费、种族化阶级政治、性别分工和住房发展的重要逻辑。之后,在新自由主义制度背景下,郊区的市场优势变得更加明显,税收、住房补贴、小政府和大都市交通系统等方面的便利吸引了居民从城市中心搬到郊区住房(Frost and Dingle,1995; Kemeny,1981)。在信息化时代,郊区发展正朝着"无边界城市"(edgeless city)的发展新模式转变(Lang,2003),创新的投资带来郊区公共设施和住房新的改变。此外,也有一部分郊区居住空间以"缓慢增长"(slow-growth orientation)和"新城市主义"(new urbanism)为主题,并强调步行城市的理念(Knox,2008)。

在此背景下,许多学者提出"后郊区化"(Post-suburbanisation)作为郊区发展的新阶段,强调更平衡的郊区开发模式(Essex and Brown,1997;Lucy and Phillips,1997;Phelps et al.,2006;Phelps and Wu,2011)。门禁社区成为后郊区化实践的理想场所。这些高端住宅开发项目规划了平衡的郊区功能,并符合郊区居民人口结构变化的要求(Hirt,2007)。诸多学者对全球后郊区发展及治理进行了研究(Hamel and Keil,2015;Keil,2013;Phelps,2015;Phelps and Wu,2011)。Wu 和 Phelps(2008)详细总结了后郊区的空间特征:①服务和基础设施供给的高度碎片化;②土地混合利用和错落有致的空间结构;③城市和郊区之间的管理模糊;④更多的住宅区脱离了现有的空间层次;⑤更复杂的和受消费驱动的形态要素;⑥注重后郊区的理念和制度建设。此外,后郊区文化也更加世界性。高收入移民、混合居住的偏好和后现代文化消费是后郊区的社会文化特征。Hayden(2009:3)特别指出,郊区住房具有"向上流动、经济安全、私有财产、渴望社会和谐及精神提升"的特征。

在经济全球化过程中,后郊区的发展不仅为追求当地商业利润,还受到国家和国际层面的政策力量影响,这一点在许多全球城市表现尤为显著。全球城市的后郊区重视更有效地推动经济增长和关联消费,考虑可持续发展,关心长期的环境效益。同时,后郊区在追求经济增长和居住品质方面形成了平衡的发展模式,并反过来影响更广泛的城市区域。

2.2.2　门禁社区:郊区居住发展的缩影

总体而言,郊区住房常以门禁社区的形式开发有三方面原因。首先,地方政府缺乏财政资源来改善郊区基础设施和公共服务条件差的状况。为了提高郊区财政能力,地方政府往往强调门禁社区是吸引国内外私人部门投资的资金池(Roitman and Phelps,2011)。其次,私人部门在住房开发中追求利润最大化。悉尼城市郊区门禁社区的快速发展印证了这一点(McGuirk and Dowling,2009,2011)。Pirez(2002)指出,郊区是一片可以经营的空间,尤其是谋求私人的经济利益。第三,郊区现有的住房无法满足新中产阶级的消费需求。Knox(2008)认为,新中产阶级要求服务完善的环境、美学景观和多样化的生活方式。因此,门禁社区致力于通过改善郊区服务和景观来满足需求端的要求。Pirez(2002)认为,门禁社区以外的郊区管理和服务可能正在减少和分散。

不可否认的是门禁社区反映了郊区化的矛盾效应。门禁社区创造了中产阶级生活方式的空间,但也因此拉大了不同社会空间之间的差异(Roitman and Phelps,2011)。企业家型政府在规范郊区发展的同时强调规划收益,容忍空间的差异化发展。在推动门禁社区发展的过程中,郊区不可避免地在社会空间层面上变得支离破碎,在区域竞争中难以脱颖而出。Phelps 和 Wood(2011)指出,郊区已成为他们自己的投影空间;门禁社区是帮助解决郊区发展问题,还是降低了打造可持续郊区的可能性,仍有待于更多的研究来检视。

2.3　私人治理下的门禁社区

2.3.1　城市的私人治理趋势

《私人城市:全球和地方视角》(*Private Cities:Global and Local Perspectives*)(Glaze and Webster,2005)一书讨论了城市空间的私有化,指出私人治理的空间作为私有化的结果之一已经在全球蔓延。从北美(Blakely and Snyder,1997;Low,2003)、欧洲(Cséfalvay,2011a;Hirt,2012;Raposo,2006;Webster et al.,2002)到全球南部(Salcedo and Torres,2004),门禁社区相关研究都涉及了私人治理空间的概念。这些研究将门禁社区定义为私人治理的一种形式,即社区范围内的公共设施和服务均由私人出资提供;通过收取与所有权相关的费用和建立内部规章制度,使设施和服务的使用具有高排他性(exclusion)和低竞争性(subtractability)(Cséfalvay,2011a)。此外,私人治理强调股东民主,即业主之间达成对社区领地的治理协议,成立社区自治组织(McKenzie,2005)。通过私人治理,业主作为门禁社区的股东可以"用脚投票",以此确保社区的设施和服务供应优于公共空间(Webster,2001:153)。Kirby(2008:12)也提出,私人治理的核心要义是"由居住在其中的人来治理空间"。

具体而言,私人治理凸显了门禁社区的三方面效率:①小规模集体决策的效率,使居住需求和社区供给更为紧密地匹配;②执行集体消费的效率,以避免公共物品堆积和退化(congestion and degradation);③提高地方收入的效率,居民需同时为私人治理和公共治理交税(Le Goix and Webster,2008)。此外,私人治理有助于增加居住空间的象征性资本和居民投资的经济价值(Duncan,2003)。Dowling et al.(2010)还注意到,通过私人治理,居民可在一定程度上获得安全感和社会认可。

社区层面出现明显的私人治理趋势。城市治理研究强调,私人治理可以有效应对全球化和世界主义(cosmopolitanism)引起的社会政治变化(Beck,2000;Raco et al.,2011)。首先,地方治理的转型强调将地方政府职能转移到私人部门。Carter et al.(1992)表示,过去,地方政府负责发起和协调城市发展并提供城市公共物品,但是在新自由主义背景下,地方政府的角色变得更加灵活。Imrie 和 Raco(1999:47-49)陈述了地方政府的三种新自由主义转变:①从政策制定和实施者转变为战略推动者;②终止了其促进市场效率的公共和民主责任;③将资源从社会项目更多地转向私人开发商,以促进地方经济增长。其次,治理政策的转变促进了个体化和基层自治化。Raco 等(2011:276)指出,"在减少干预主义(interventionism)的呼吁下,社区和公民将得到授权、动员、激励、主体化和再造"。此外,Beck(1994)的研究指出,在凯恩斯福利体系解散后,国家已将福利供给的财政压力转移给私人部门和个人,使社区承担更多的责任。因此,公共物品和服务私有化使社区居民需在重大的社会和经济变化中寻找自己的道路(Raco and Imrie,2000)。

门禁社区也作为一种私人治理的形式在城市层面推广。Webster 和 Glasze(2006:232)注意到,在城市私有化过程中,"由于经历了金融及合法性危机,国家干预主义退却并转向亲市场主义"。地方政府与市场合作以减少公共支出,而市场则通过私人治理提供高端的优质服务来实现利润最大化(Goodman et al.,2010;McKenzie,2005)。同时,市场和地方政府同时向社区居民征收使用费和税费。私人治理社区的"双重征税"制度使其成为提高地方收入、促进城市基础设施发展和城市扩张的"现金牛"(cash cows)。来自加拿大(Grant,2005)、美国(McKenzie,

2003)、阿根廷(Roitman and Phelps，2011)以及许多非洲南部国家(Morange et al.，2012)的研究均表明，以门禁社区为代表的私人治理是一种有效的城市治理战略。

2.3.2 门禁社区的俱乐部化

近年来，学者采用 Buchanan(1965)提出的俱乐部经济理论诠释门禁社区私人治理的经济逻辑(Le Goix，2005；Le Goix and Webster，2008)。通过私人治理，每一个门禁社区都成为一个消费者俱乐部，门禁社区居民为使用俱乐部提供的商品和服务支付会员费。该论点强调了私人治理的经济效益，俱乐部的排他性避免了门禁社区产品和服务受到"搭便车"(free riders)和公共干预的影响(Webster，2002)。Charmes(2009)认为，门禁社区的"俱乐部化"(clubbisation)是一个以市场为导向的过程。在俱乐部经济的理论视角下，门禁社区的研究强调集体所有权—消费(ownership-consumption)的安排。基于所有权和消费，Samuelson(1954)将公共物品定义为集体消费品。实际上，集体消费具有不同的可达性和可购性，只能被某个较小群体在特定地点消费(Tiebout，1956)。基于上述理解，Buchanan (1965)以俱乐部经济理论为基础，对公共物品和私人物品的概念发起了挑战，并使用"俱乐部物品"(club goods)一词来填补所有权—消费图谱内的可能性缺失。具体而言，俱乐部物品是在排他制中专供集体和有限消费的一类物品，具有高排他性低竞争性的特征(见表 2.1)。Webster(2002：403)进一步指出："俱乐部是一个空间领域，在该领域内，公共物品事实上的或法律上的经济所有权和合法消费权都由业主集体共享。"根据该定义，门禁社区是旨在为其业主供应高效率的集体消费的俱乐部领域(Le Goix and Webster，2008)。

表 2.1 一般商品分类

	高排他性	低排他性
高竞争性	私人物品	公用资源
低竞争性	俱乐部物品	公共物品

来源：Gardner and Walker (1994：7)。

同样，在城市规模上也可以看到俱乐部化。城市公共物品的使用是在居住权的基础上进行分配的。所处地理位置好、流动性佳的居民可以更好地获得公共物品和市政服务。因此,对城市治理而言,地方政府可以通过城市规划和税收等手段来调节公众获取公共物品和服务的机会,具体包括以下三个方面:①通过规划法规和土地使用权法控制可建设用地的供应,并为防止超负荷使用公共物品排除不必要的土地开发商;②规范居民,通过控制征收地方税来避免公共物品"搭便车"现象;③通过土地和公共物品的资本化获得经济增长利益(Charmes,2009)。同时,地方政府在分配公共物品和服务时应该关心的三个主要问题是:①过度使用造成公共物品拥挤;②不同管辖产生的公共物品不平等;③"搭便车"导致的公共物品退化。正如 Webster(2002:407)所指出的,在城市规模上,"居住权严格限定了使用权,居住选址决定了具体的市政俱乐部会员资格,而地方税收就像俱乐部收取的会费"。因此,地方政府可将城市视为俱乐部来治理。

总之,俱乐部化强调了门禁社区的经济特征。门禁社区无疑以居民愿意支付的价格为市场准则向其提供了更多的公共物品和服务选择。此外,门禁社区的俱乐部化是基于用户偏好的有效的社区治理方式。Foldvary(1994)认为,俱乐部化是集体成本调节的自然演变。Glasze(2005)认为,私有化治理的经济特征导致了飞地式社区的扩散,居民根据自己的经济能力生活在自治的社区飞地中。Le Goix 和 Webster(2008)总结,俱乐部理论将关于门禁社区的辩论带到了一个更微妙和具体的层次,即研究市场和政府在城市塑造和治理中的作用。

2.3.3　门禁社区的公共选择

Cséfalvay(2011a)认为,俱乐部理论的观点不能完全解释门禁社区中私人治理的复杂性,于是根据 Hirschman(1970)关于"退出选项"(exit option)和"发声选项"(voice option)的研究,提出了公共选择的新视角。该视角强调居民在地方政府和私人治理之间的不同偏好。具体而言,当居民对当地城市治理不满时,他们或采用退出选项即支付额外的置业费和物业费搬到门禁社区,或坚持当地城市治理并通过发声选项表达诉求。退出选项的视角认为,居民根据自己的偏好和流动性,自愿选择门禁社区的私人治理而非地方政府的公共治理。发声选项则表明,居民可以完美表达他们对公共服务的要求,而无须迁移或支付额外费用。在城市中,退出选项和发声选项体现了公民在住房和社区治理方式之间自由选择的能力(Breton,1998)。

Cséfalvay(2011b)指出,该观点解释了为什么门禁社区在一些地区并不常见,比如在中欧和西欧,发声选项深深植根于该地区的政治体系,而相比之下退出选项的经济代价则非常昂贵。理论上,公共选择受到城市治理直接和间接成本的极大影响。其中,直接成本包括私人治理社区的置业费、服务费和地方税,间接成本产生于住房开发的规划和管理(Cséfalvay,2011b)。居民只有在直接成本可接受的情况下,才会选择私人治理作为退出选项。相反,居民选择发声选项和公共治理主要受到地方政府决策能力、特别是财政资源和自主执行权的深刻影响。然而,Roitman(2005)补充指出,门禁社区在一些地区快速扩散,其主要原因是另一种地方政府的作用。比如在发展中国家,地方政府更倾向于推广代价高昂的退出选项以获得土地和住房发展带来的经济增长,而不是提供充足的非营利性公共物品以满足城市居民的发声选项。

从城市治理的角度来看,退出选项和发声选项的机制使地方政府更有可能采取行动来纠正市场失灵(market failure),并将地方收入分配给公共物品和服务较弱的地区。此外,新出现的公共选择鼓励市场与地方政府之间竞争,从而提供令人满意的治理选项。但是,市场与地方政府之间的竞争会带来社会空间差异加剧,即社会经济能力较好的居民可能会转向门禁社区的私人治理,而迁移能力较弱的居民则留在城市治理问题之处。

2.4　日常生活中的门禁社区

2.4.1　社区边界的作用

如前文所述,门禁社区的特征和起源之一是其预防城市犯罪的功能。它们采用物理边界以及在边界处设置监控等技术,防止犯罪行为进入门禁社区,将其他群体隔离在边界之外。不过,Helsley 和 Strange(1999)分析了加拿大城市的犯罪地理,认为门禁社区在很大程度上是将犯罪转移到商业区,而不是从整体上减少犯罪。门禁社区因为造成了许多都市社会病态而受到批评(Davis,1990;Low,2003)。

然而政治地理学家们提出了另一种观点,认为边界具有社会治理作用(Blakely and Snyder,1997)。具体而言,边界建立了门禁社区的会员制度。Sennett(1997)认为,城市政治和经济转变、特别是公共空间的消失,引起了城市结构变化,导致了"公共人的衰落"(*The Fall of Public Man*)和个人主义的兴起,因此,像门禁社区这样的私人治理空间应运而生。Cséfalvay(2011a)认为,新自由主义政策使门禁社区成为重构城市空间的一种强大工具。Marquardt et al.(2013)在研究柏林城市更新时指出,豪华住宅和门禁社区等开发项目也是对城市人口等社会治理议题进行管理的运作空间。

门禁社区的社会空间影响超出了所讨论的边界问题。Marcuse(1997)认为,边界可以默认为存在于整个城市世界。Duncan(2003)指出,在门禁社区出现以前,美国城市中已然存在着种族隔离和阶级排斥;当城市居住区的实际边界被拆除后,社会隔离并未消失。Bauman(2000)指出,门禁社区是由居民自愿设立边界,而真正的贫民区是居民无力摆脱边界。

2.4.2　中产阶级化的消费

门禁社区的消费驱动力与更广泛的政治和社会背景有着深刻的联系。Ferge(1997)的研究将当前的消费模式、特别是社会经济领域个人主义的兴起,与福利国家的衰退联系起来。Jessop(2002)认为,在后福利时代,个人、家庭和社区是解决社会再生产问题的新主体。Raco(2009)也认识到从福利时代的"期望公民"(expectational citizenship)到后福利时代的"理想公民"(aspirational citizenship)的转变,这一转变表明,公民福祉和社会再生产的基础已经过渡到商品和私人服务的个性化消费。由此,消费的中产阶级化成为社区发展的重要趋势。该趋势强调个人应承担消费者义务并对消费行为负责,而社区则应提供中产阶级道德秩序规范和美学消费(McGuirk and Dowling,2011)。由于门禁社区提供私人化的消费,因此居民日常生活的焦点转向了社区内公民与市场的关系(Clarke,2004)。悉尼(McGuirk and Dowling,2011)和多伦多(Walks,2008)的郊区门禁社区实证都表明,通过消费私人服务,居民、社区和后福利政府形成了新的权利关系。Raco(2009)指出,居民通过社区内的物质消费和所有权消费确立了社区责任。

反之,消费和日常生活也可以重塑城市空间。除了郊区门禁社区外,中产阶级的住房消费在城市更新、改造和再开发过程中也十分集中。Marquardt et al.(2013)总结了门禁社区消费在四个方面重塑城市空间:第一,门禁社区在郊区化、绅士化、旧区更新和再开发过程中产生了可供消费的新住房形态,为中产阶级创造了美好生活的景象;第二,门禁社区开发项目以都市化、身份感化为理念,提供日常生活和文化消费新场所;第三,门禁社区的安全特征使中产阶级消费从城市大众消费中分离;最后,门禁社区强调城市性(urbanity),通过规划和治理塑造了新的城市生活方式。许多内城的门禁社区也强调名望,与郊区的门禁社区类似,它们顺应中产阶级消费需求,在老旧破败的内城环境中重塑了同质有序的生活环境。

此外,在经济全球化背景下,全球资本投资和精英阶层崛起都强调了门禁社区的重要性。Pow(2009b)指出,新加坡的超级富豪门禁社区旨在满足全球式精英的消费需求,因此强调塑造地理中心、跨国意识形态和社会网络、区域边际和地域距离。

2.4.3 隔离还是依恋?

与此同时,门禁社区给社区生活带来了紧张关系。例如,物理空间的排斥与融合,私有化物品与公共使用权的问题。现有研究的争论主要集中于门禁社区造成的社会空间影响,特别是社会隔离(social exclusion)(Atkinson and Blandy,2005;Blakely and Snyder,1997;Blandy et al.,2006;Gordon,2004;Hook and Vrdoljak,2002;Manzi and Smith-Bowers,2005)。社会隔离的经典理论有很多。芝加哥学派理论认为,社会隔离产生于回避、群体身份的重构,以及社会、经济和政治生活的结构调整(Smith,1989:14)。Schelling(1969)提出了城市社会隔离模型,指出城市层面的社会隔离源自个体层面的自发隔离。Massey 和 Denton(1993)认为,城市公共政策和私有化策略制造了社会隔离。

关于门禁社区的社会空间影响有两种观点。负面观点是门禁社区增加了社会隔离。Blakely 和 Snyder(1997)认为门禁社区可以增强居民与社会其他成员的隔离感。Roitman et al.(2010:8)确认门禁社区改变了居住的社会空间。他们在阿根廷城市的研究表明,门禁社区的居民故意选择隔离来削弱与邻居的社会关系。门禁社区被批评造成了不同规模的社会隔离,其中个体层面的隔离和城市层面的隔离是由个人对他人的看法、居民日常生活实践以及在城市中的利益诉求三方面所决定(Coy,2002;Roitman,2005;Roitman et al.,2010)。已有研究还指出,门禁社区减少了居民之间的互动,从而加剧和社会结构的破碎和隔离感的产生(Blakely and Snyder,1997)。社区纽带的减弱最终可能导致门禁社区内社区精神的丧失(Low,2001;Wilson-Doenges,2000)。

相反,正面观点认为门禁社区生活使社区身份得以强化(Huttman,1991)。

McKenzie(2005)基于美国实证研究表明,门禁社区的排他性强化了其居民的利益和权利,已经成为社区改善和邻里赋权的基础。在欧洲,居民因追求名望身份而生活在私人治理的门禁社区(Cséfalvay,2011b)。在许多发展中国家,与传统的混乱的城市环境相比,选择门禁社区的居民旨在寻找更好的生活品质(Coy and Pühler,2002;Morange et al.,2012;Salcedo and Torres,2004)。值得关注的是,部分研究指出城市层面的规划政策和包容性的城市设计正在探索如何实现门禁社区与其他社会空间的整合,比如 Tanulku(2012)指出,土耳其门禁社区正积极努力地改善附近村庄的物质生活条件。Lemanski(2006)研究了开普敦贫困街区内开发门禁社区的案例,表明增近不同住房之间的距离,增加不同社会群体间互动机会有利于促进社会融合。

现有文献没有将地方依恋(place attachment)作为门禁社区的影响之一进行研究,然而,社区研究一直关注类似的角度。地方依恋解释了"人们倾向于跟某一个地方保持亲近"的复杂现象(Hidalgo and Hernandez,2001:274)。Woolever(1992)强调,地方依恋受居民社会经济特征和所在社区特征等的影响。社区生活经历在物理和社会层面都深刻地影响地方依恋(Riger and Lavrakas,1981;Van der Graaf,2009)。少数研究关注了门禁社区的日常生活,Talen(1999)认为门禁社区令人满意的物质环境可以培养居民的社区意识。Low(2003)指出,门禁社区居民经常采取邻避主义(NIMBY)的态度,反对联邦政府提出的城市规划改变,以此保护邻里和私人财产的价值不受侵犯,维护社区稳定。Kirby(2008)和 Walks(2008)证实私人化的公共物品供给深刻改变居民在社区中的日常生活。

2.5　中国城市门禁社区的系统性回顾

2.5.1　改革后的中国门禁社区

大量文献研究了改革后中国的住房发展(Breitung,2012;He,2013;Wu,2005)。Miao(2004)的早期研究表明,上海 83% 的新住房开发项目是设有门禁的高层或中层公寓楼群。关于改革后中国门禁社区的发展驱动力,学界存在几种不同观点。文化视角的研究认为门禁社区是集体主义(collectivism)范式的转变,保留了中国内向性文化的运作方式和居住传统(Breitung,2011;Pow,2009a;Webster and Glasze,2006)。Huang(2006)认为集体控制深深植根于门禁社区,维护社会治理。此外,美国式的中产阶级文化影响了中国城市消费模式的变化(Davis,2000)。Pow(2009a)对上海门禁社区的研究发现,居民追求更大程度的家庭隐私而选择居住在门禁社区,这种消费需求加速了中国城市门禁社区的发展。

除文化视角外,现有研究还从政治经济学的角度,考察了在国家主导的郊区化进程中门禁社区的发展,突出了地方政府的作用(Shen and Wu,2012;Wu,2005,2010a)。改革后中国推行市场经济,但国家仍保留了城市土地所有权,从而有能力推进城市化进程。推广门禁社区是国家发展土地和住房以及社区治理的创新战略之一。此外,商品房市场的建立和社区服务的商品化共同刺激了居民对私有产权和社区服务的消费。在城市企业主义(urban entrepreneurism)、规划中心主义(planning centrality)和市场机制的共同下,城市居住功能根据居民不同的社会经济能力重新界定(Wu,2005)。

由此可知,我国门禁社区的发展和治理涉及地方复杂性(local complexities)。本研究认为,改革后中国的政治经济特征对门禁社区有着根本性的影响。然而,目前学界尚未有针对多元行动主体,尤其是政府和市场,如何在新一轮城镇化过程中作用于门禁社区发展的研究。大量现有研究将中国的门禁社区看作是安全、私密的和富有异国情调的商品房居住区;但是,鲜有研究将门禁社区视为中国城市中类似于私人治理的一种形式。在分析门禁社区的社会影响时,居民的作用尤其是居民与社区的关系,尚未被全面检视。这几个方面是研究我国城市门禁社区的重要维度。

2.5.2 发展动因的转变

进入 21 世纪以来,城市住房发展多以门禁社区的形式开发。根据国家《城市居住区规划规设计标准》,房地产开发商必须在新开发的居住用地中提供构成安全美观的社区环境和公共物品;同时由专业的物业管理公司来管理和提供社区服务。除规范标准外,门禁社区的发展动因应关注更深层的制度因素。改革后中国城市的政策环境不断变化,其中城市治理、土地和住房改革,是门禁社区发展的主要制度动因。国家通过新的住房、土地和财政政策刺激新一轮经济增长,促进城市郊区发展、城市更新和社会治理。Wu(2002)指出,政府通过掌握土地其他资源的分配实现经济增长,真正实现了企业化;在此背景环境下,飞地式城市空间不断涌现。具体的制度因素变化包括三方面。

首先,土地市场化将土地使用权与土地所有权分开,前者为地方政府出让做的市场化经营,后者仍归中央政府所有。伴随土地使用权的交换价值随着土地市场的建立急剧上升,地方政府开始推行以土地为中心的增长计划(land-centered growth regime),形成城市区域的迅速扩张(Lin,2011)。通过控制土地利用规划,地方政府确定了土地使用权的规模和边界(Xu and Yeh,2009;Zhou and Ma,2000;Zhu,1999)。其中,地方政府推动土地发展主要有两方面策略:①出让廉价的郊区土地用于开发高价商品房;②将城中村的集体土地转化为可盈利的国有住宅用地。其次,中国自 1980 年代以来实行了一系列住房改革,其中在 1998 年深化住房商品化改革取消了单位住房制度,在 2003 年宣布推动房地产业为我国经济增长的支柱产业之一。同时,一系列住房市场化激励政策在地方实施,包括放宽个人抵押贷款、引入住房预售制度、推广不同住房需求等,快速激发了城市住房市场发展。在亲市场政策下,城市住房开发吸引了大量的资本投资。最后,国家为实现中央和地方之间实现有效的收入分配进行了财政分权,将财政责任在很大程度上分散到地方一级。财政改革促使地方政府探索提高地方收入的新办法,增加土地出让费及相关税收成为地方一级最重要的收入来源。中央政府通过财政的分散和再集中手段巩固了城市治理能力(Xu and Yeh,2009)。

在上述制度变化背景下,城市政府愈加企业家化,在推动门禁社区的发展方面扮演了关键角色。首先,门禁社区是居住用地开发的一种普遍形式。门禁社区的边界确定了私人部门的土地使用权。其次,地方政府通过门禁社区开发促进郊区土地发展,因为高档门禁社区可以显著增加周围郊区土地的交换价值,从而增加地方收入。同时由于门禁社区的发展,郊区基础设施系统得到升级,城市景观获得改善,使城市对国内外投资者的吸引力稳步上升。在门禁社区的发展过程中,企业家型政府通过控制城市土地这一特殊资本,通过运用市场机制提高土地和住房的交换价值,获得城市增长带来的经济效益(Logan and Molotch,1987;Molotch,1976)。

其次,国家停止福利住房提供并深化住房改革,促进大多数城市家庭通过市场配置寻找住房资源(Li and Yi,2007)。然而,地方政府仍从四个方面干预住房商品化:①控制居住用地所有权;②制定住房政策和规范住房开发过程;③成立国有企业投资住房开发。地方政府将追求经济增长作为首要议题,通过与私人部门结成了"促增长联盟",依靠私人资本和金融工具推动房地产支柱产业的发展(Zhu,

2004)。门禁社区代表了一种新的住房发展方式,即地方政府充分利用土地资源,同时将商品房的融资、建设和营销责任转移到私人部门(Xu and Yeh,2009)。

再次,地方政府采用企业家型的发展策略促进城市化,包括加快城市扩张和城市人口聚集,并且推动城市由生产型空间向消费型空间转变(He and Wu,2007)。对门禁社区的需求主要集中在城市郊区化的过程中。在一方面,企业家型政府将郊区发展作为发展的战略重点之一,通过郊区新城、工业园区的建设吸引了大量人口,由此扩大对郊区住房和相关社区服务的消费需求(Shen and Wu,2012)。另一方面,随着家庭财富的积累,新兴的中等收入群体开始消费改善型住房(Hu and Kaplan,2001)。Wu(2010a)指出,门禁社区具有包装过的中国郊区景观,并以优质生活的形象作为营销卖点,符合改善型住房需求。从根本上看,这种郊区空间的生产和消费体现了地方政府以土地为中心以寻求经济增长制度为目的的城市发展策略(Zhou and Logan,2008)。Wu 和 Phelps(2008:479)指出,中国的郊区住房开发"不仅由消费偏好驱动,还不可避免地与中国的总体经济发展战略相关";郊区化由地方、区域和国家政府及其附属机构主导,而非地私人部门和消费者。

最后,门禁社区是城市治理分散(governance decentralisation)和私有化发展的重要成果之一。改革开放以来,中央政府实行经济市场化以释放更多的生产要素,刺激经济增长,克服计划经济存在的问题。中央政府将治理权分散到地方一级,通过市场分散提供公共服务的责任;同时,通过私有化引入私人部门参与发展,提高地方经济的整体竞争力。根据西方经验,私有化转移了福利国家的活动方向(Harvey,2003)。Zhang(2012:209)认为,私有化的内在动力是"寻求创新和具有成本效益的方式来治理快速变化的国家"。Shen 和 Wu(2012)关于中国城市郊区化的研究认为,地方政府被赋予了更大的管理权限,以便寻求私人资本推动郊区发展。Wu(2010a:627)指出,中国的市场转型轨迹与新自由主义的标准学说并不完全吻合,政府给市场的角色定位是在快速城镇化中解决城市治理弱点和在全球化经济背景下加快资本积累的进程。

2.5.3 社区治理的转变

不可否认,市场化和私有化强化了私人部门在城市治理中的角色(Shen and Wu,2012;Wu,2010b)。门禁社区的发展和治理中就显现了私人部门的深入参与。一方面,私人部门承担了地方政府提供社区公共物品、服务和治理的责任。在门禁社区的发展过程中,私人部门采取了市场机制,即通过提供高效和有效的产品来追求利润最大化。另一方面,随着城市住房市场的成熟,私人部门创造了不同类型的门禁社区以满足市场的多元需求。供求关系的发展使门禁社区的特征基于本地特殊性而演变,门禁社区的发展也从供方市场转变为买方市场。

伴随住房商品化和产权私有化,社区治理结束了单位制时代(Lin and Kuo,2013),开始经历市场化(Lin and Kuo,2013;Wang and Murie,2000;Zhou and Logan,2008)。学者开始从西方私人治理的视角研究中国门禁社区(Pow,2009a;Wu,2005;Wu and Webber,2004)。具体而言,物业管理公司和业主委员会构成门禁社区私人治理的主体,前者负责提供社区服务,后者代表居民自治。在社区层面,市场经济鼓励门禁社区使用市场供给的公共服务,并由居民支付物业管理费,同时由业主委员会代表业主管理和保护门禁社区内私有产权的权利(Read,2003;Tomba,2005)。在城市层面,城市治理权利分散到社区,地方政府通过强化私人治理将提供社区服务的成本转移给开发商和物业管理公司,由私人部门提供资金和服务。尤其在郊区发展过程中,向私人部门释放社区治理权已成为地方政府吸引私人资本投资郊区住宅和基础设施发展的重要措施(Fleischer,2010;Shen and Wu,2013)。

居民对私人治理的需求也伴随住房商品化而出现。受消费主义文化的影响,中国城市以家庭为中心的消费趋势日益增长(Davis,2000),居民开始追求高品质的社区生活(Fang,2006;Li et al.,2012;Li and Wu,2013)。私人治理首先有助于保护居民私人财产价值,其次符合新兴中产阶级生活方式,最后能维护社区内美学景观和道德秩序(Pow,2009b;Shen and Wu,2012)。Pow(2009a)基于上海门禁社区的研究指出,人们寻求更多的自主权并且摆脱传统社区的治理霸权,因此搬到私人治理的门禁社区。现有社区治理研究亦表明,随着业主委员会等自认治理机构的成立,城市居民对基层资助权利的认识也在不断提高(Chen and Webster,2005;Huang,2006;Yip,2014;Zhang,2012)。

此外,一系列社区治理的研究表明,地方政府继续在门禁社区治理中发挥主导作用(Huang,2004;Lin,2011;Wu,2002)。尽管土地和住房改革私有化了业主的住房产权,但国家仍然是城市土地的最终所有人和管理者,私有治理的权力有限,业主委员会实际上也是地方政府为恢复社区治理而成立的幻影代理人(phantom agents)(Huang,2005)。

基于上述分析,本研究认为中国门禁社区不同于私人治理之处有三点。首先是不同于退出选项。根据退出与发声选项理论,当居民不满意政府提供的服务和公共物品时,他们选择搬离公共社区而选择私人服务的门禁社区,或者选择留在公共社区,通过当地政府表达他们的要求。退出选项不足以解释中国门禁社区,一方面是因为居民不能自由选择社区私人服务,因为地方政府制定了物理管理规范来标准化门禁社区内公共物品的供应,还指定了国家机构来规范公共物品的供应。另一方面是因为产权私有化的主要目的是刺激商品房的发展,并从土地租赁中产生地方收入,而不是为了更好地提供私有化的公共物品满足居民需求。其次是不同于俱乐部经济理论。根据该理论,门禁社区的私人治理旨在提高俱乐部物品的排他性和服务效率。虽然中国的门禁社区普遍采用市场化的公共服务供给,但是政府仍在社区治理中起重要作用。政府不再向门禁社区提供公共服务的主要目的是减少公共财政支出、促进物业行业发展,而不是公共服务的完全市场化。社区服务的供应与物业管理费挂钩,后者的定价由政府部门决定。最后是不同于发声选项。发声选项在社区不可行,因为居民没有足够的权力来决定社区治理体系。虽然门禁社区已经成立业主委员会作为自治机构,但它们的主要功能是监督物业管理公司。业主委员会因为缺乏自主性和财务独立性,所以无法代表居民与产权相关的权利。

2.5.4　社会空间的转变

现有研究从长期存在的城乡分化(Liu et al.,2010)、职业结构重组(Madrazo and van Kempen,2012)以及大规模移民(Fan,2008)等角度,分析中国城市的社会隔离。近年来,由于住房商品化和家庭财富的积累,居民流动性得到强化(Wang and Murie,2000;Wu,2004;Zhou and Ma,2000),并且通过不同住房消费形成社会空间隔离。Fleischer(2010)基于北京的研究指出,多元化的住房市场意味着中国城市生活的高度异质性。Zhang(2012)指出,中国城市已经形成新的居住空间和生活方式,并由此培育了新的社会阶层,其中门禁社区就是典型的中产阶级社会空间。Pow(2009a:383)将门禁社区定义为享有特权、强调中产阶级消费理念的居住空间:"门禁社区用审美化的理念架构,它们就好像是艺术作品,不仅要创造一个舒适的西方风格的社区生活环境,而且要体现现代优雅的城市经营生活方式"。

在社区日常生活方面,大多数研究强调门禁社区减少了社交互动、减弱了邻里关系,并归纳总结了两方面原因:①居民脱离了原本基于工作单位的社交关系;②居民更加关注家庭隐私和个人主义(Breitung,2012;Forrest and Yip,2007;Li et al.,2012;Pow,2009a;Yip,2012)。相反,其他学者认为门禁社区提供更好的物质生活环境,从而增强了居民对社区生生活的满意度(Wu,2012;Zhu et al.,2012)。门禁社区的产权和公共服务私有化使业主获得类似于俱乐部成员的身份,推动了业主参与集体行动,并最终促成了社区内部的团结(He,2013;Li et al.,2012;Yip,2012)。Wu(2012:6)指出,"门禁不一定会终结社区参与,反而可能满足居民需求,提供使他们产生积极联系的新途径"。

此外,由于居民的社会经济组成不同(Zhang,2012),或由于社区的物理封闭程度不同(Li et al.,2012),中国门禁社区可能已经形成多样化的社会空间,并且区别于美国的门禁社区,后者将门禁社区分为生活社区、名望社区和安全区(Blakely and Snyder,1997;Grant and Mittelstead,2004;McGuirk and Dowling,2007)。中国门禁社区的发展和治理已经体现出政府干预、市场运作和居民选择三者间复杂权力结构,尤其是正在进行的郊区化和城市更新进程可能会对门禁社区的动因和社会空间影响产生新的变化,这一点有待更进一步研究探讨。

2.6　小结

总体上,门禁社区的研究议程已从单纯关注门禁的物理形式转向分析"飞地城市主义"这一综合性和全球化的现象。最新研究更多关注门禁社区的动态格局、发展轨迹和社会空间影响。在改革后的中国,制度环境转型和经济市场化对城市空间的发展及治理产生了根本性的影响。重要的是,在郊区化进程中,门禁社区呈现出新的特点,强调中国城市中的私人治理。然而,现有研究对中国门禁社区的新动态和影响缺乏全面的了解,体现在三个主题上:第一,在城市企业主义背景下,地方政府通过掌握城市土地和住房规划促进门禁社区发展,但鲜少有研究探索最近的郊区化和城市更新如何影响门禁社区产生多元变化;第二,门禁社区逐渐显示出私人治理的特征,通过产权私有化和城市治理权力分散,私人部门提供社区公共物品和服务的功能得到加强,这一背景突出了门禁社区治理中公共选择的作用,但鲜有研究涉及;第三,门禁社区在不同的发展和治理模式下形成了新的日常生活体验和新的居民与社区关系,迄今为止,该主题尚未有详细论证。

综上所述,改革后中国的门禁社区在发展和治理上呈现出复杂的动因、过程和影响。针对上述三方面主题的研究能为理解中国城市的土地发展、社区治理和社会空间格局提供了新的角度。研究中国门禁社区的发展与治理,将有助于完善门禁社区作为全球现象的理论,同时丰富中国城市研究的实证。

第3章 研究方法

本文的研究框架如图 3.1 所示。具体而言，本研究框架遵循现有的门禁社区理论基础，结合门禁社区的三大核心特征（即美学景观、私人治理和安全考量）（Blakely and Snyder，1997；Caldeira，1996；Low，2003），与门禁社区的三个分析维度，即由 Roitman 等人（2010）提出的空间隔离、制度隔离和社会隔离，将门禁社区概念化为郊区发展的空间、私有治理的机构和城市生活的飞地。本研究试图以此为线索，以改革后中国城市为背景探讨门禁社区的发展动因、治理动态和影响，并计划将门禁社区置于中国城市郊区化和城市更新的图景中，通过"增长联盟""公共选择"和"地方依恋"的理论视角深度理解门禁社区的理论和本质（Fleischer，2010；Wu，2005 年，2010b；Yip，2014；Zhang，2012）。从供给侧看，本研究采用政治经济学的视角，分析门禁社区的发展和治理过程中不同行动主体的角色及其权利关系结构。从需求侧看，本研究采用社会空间视角分析不同模式门禁社区对居民的影响差异，特别关注居民对私人治理的偏好和社区内的日常生活。基于上述框架，本研究将以温州为研究案例，重点研究中国门禁社区的三个主要问题：

- 门禁社区的发展动因是什么？政府、市场和社会之间的权利关系如何？
- 门禁社区的治理如何？居民对门禁社区治理的偏好怎样？
- 门禁社区如何影响居民的地方依恋？

3.1 本体论与认识论

现有文献往往对门禁社区持悲观和消极的态度。正如 Pow（2014：2）指出的，"有关私有化城市形式（如门禁社区）的文献数量急速增长，其中的'理论决定论'

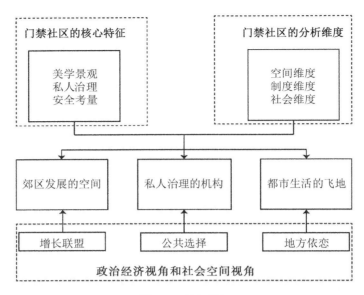

图 3.1 研究框架

(theoretical determinism)和'反乌托邦思想'(dystopian thinking)比任何其他领域都更为突出"。通过分析现有研究中的理论障碍和方法障碍,Pow(ibid:5)呼吁在本体论和认识论上对门禁社区进行更积极、更有希望的研究;并对门禁社区进行更为基础的、比较性的探索和解释,而不是对其持悲观成见。这与许多强调"比较城市主义"(comparative urbanism)的研究相呼应(Robinson,2011)。例如,Ren和 Luger(2014)将亚洲城市与西方经验进行比较研究,旨在通过比较而思考城市,从而探索新的方法论方向。

基于对上诉问题的考量,本研究以"建构主义"(constructionism)为本体论立场,认为门禁社区的意义由不同的社会行动者来实现,其性质并非静态,因为通过时间和实践,门禁社区受到了各种政治、经济和社会因素的影响。建构主义认为,在一个社会中,理论可以多样化,并且可以在不同的地点由不同的行动者来实践。因此,门禁社区的理论可以被理解为具有不同版本的现实并且具有动态性,通过新环境下的实践得到丰富。因此,将门禁社区作为一个全球性的现象且通过不同时间和地点的经验来进行比较性研究,具有重要意义。

同时,本研究采取"诠释主义"(interpretivism)作为认识论的立场,试图以实证研究为基础,从政治经济视角和社会空间视角来解读门禁社区,以探索门禁社区涉及的行动主体并解释各自的影响。诠释主义尊重社会主体和自然主体之间的差异，要求社会研究从社会行为、其过程和效果及其因果关系中把握意义（Bryman，2012：30）。此原则下，研究门禁社区的发展和治理的行为、过程和效果需从社会、政治和经济等原因进行理解，也包括复杂的建成环境和城市日常生活。Bryman（ibid：41）指出，社会研究是理想与可行性的结合。除了考虑本体论和认识论，本研究的实践意义在于探索中国门禁社区的发展和治理可行策略。

3.2　研究设计与方法

3.2.1　一般考量

城市研究领域由于研究对象的综合性，往往采用多方法（multi-methods）（Brannen and Coram，1992）、综合方法（integrated methods）（Steckler et al.，1992）、多方法论（multimethodology）（Mingers and Brocklesby，1997）、多策略（multi-strategy）（Bryman，2012）和混合方法（mixed methods）等（Creswell，2013；Tashakkori and Teddlie，1998）。本研究采用定性与定量相结合的方法，包括文献综述、大规模问卷调查和半结构访谈的方法等。这些研究方法在实地考察和数据分析的不同阶段基于不同目的被采用。总体而言，定性研究是一种开放式的策略，旨在探索研究目标的性质、过程和意义。通过此种方式，定性研究可解释不同参与者的动机，以及他们之间的相互作用（Bryman，2012）。采用定性研究能够深入评估门禁社区开发和治理的过程，特别是在此过程中不同行动主体对其的影响。同时，定量研究展示了从理论到测量结论的严密演绎过程，可以识别要素之间的作用关系，并超越既定研究的范围提出更高层次的概括（Bryman，2012）。目前，针对门禁社区的研究仍然缺乏可靠的数据，特别是针对家庭和个人层面的微观数据，导致门禁社区研究存在着许多假设和推测。为能够进行深入的定量分析，作者于 2012 年 4 月至 5 月在浙江省温州市进行门禁社区的试点实地考察，收集到了有关温州土地和住房发展的二手数据，并在试点研究的基础上提出了研究问题和假设。从 2012 年 11 月至 2014 年 3 月，作者考察样本门禁社区，开展大规模问卷调查收集居民层面的微观数据。通过问卷调查、深入访谈和现场观察，本研究收集了丰富的一手数据和二手数据，用于门禁社区的定性分析和定量分析。

3.2.2 案例研究

案例研究是解答"如何"和"为何"等相关问题的有效方法（Flyvbjerg，2006）。深入的案例研究提供了审视人类行为的复杂性和不同行动者之间权利关系的机会。在本研究中，案例研究可以帮助探索门禁社区发展与治理的动态与机制，深度阐释地方政府、房地产开发商、私人机构和居民的角色身份和之间的权利关系。此外，案例研究可以作为对问卷这种实证方法的补充。Yin（2013：14）认为，案例研究方法致力于对当代现象的深入研究，适用于多重数据来源的情况，能很好地应对"相关可变性多过于数据点的特殊技术情况"。正如 Burawoy（1998：30）指出，"反思性科学应从实践和微观的角度出发进行归纳"。因此，针对门禁社区这样的社会科学研究，案例研究方法可以提供关于门禁社区的细微理解和理性解释。

此外，Flyvbjerg（2006：226）指出，"对经验案例的战略性选择（例如关键案例）可以为逻辑推断提供丰富的信息，从而增加案例研究的可归纳性"。本研究以温州市为关键案例对中国门禁社区进行了实证的原因有三方面。首先，温州在中国城市门禁社区发展中发挥了先锋作用。自 1979 年实行市场化经济以来，温州凭借其强大的私营经济率先实践土地和住房开发的私有化。1999 年，中央政府将温州列为试点进行社区私人开发的一次尝试，为进一步改革提供指导。此后，温州的经验鼓励了中国城市门禁社区的广泛发展。截至 2010 年底，以门禁社区形式出现的商品房已成为主要住房类型。因此，以温州为案例对于中国门禁社区的研究具有重要意义。

其次，温州（见图 3.2）是领衔长三角地区经济发展的核心城市之一，城市发展模式主要依赖私人部门的积极参与，"温州模式"被认为是中国市场经济改革最重要的模式之一，对长三角其他城市有着重要影响（Wei，Li and Wang，2007；Peck and Zhang，2013；Peck and Zhang，2016）。此外，针对温州市门禁社区发展的研究结果，也为其他可能经历类似经济制度转型的城市提供住房发展重要启示。

另外，温州的案例研究填补了我国二线城市门禁社区发展的知识空白。现有的门禁社区研究主要集中在一线城市，如北京（Fleischer，2010）、上海（Pow，2009）和广州（Li et al.，2012），很少关注二线城市。温州的案例研究提供了二线的普通城市门禁社区的背景的经验和见解，有助于更好地理解中国城市门禁社区的理论和实践。

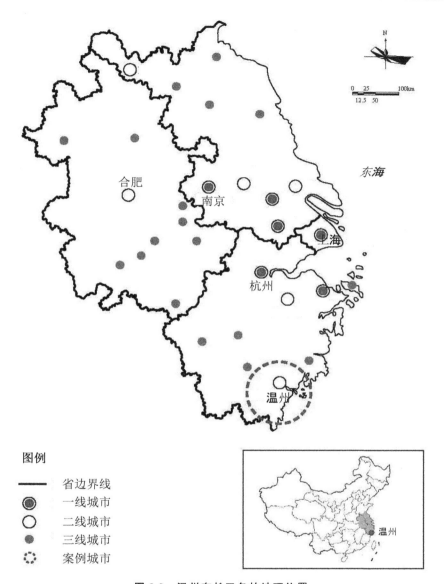

图 3.2　温州在长三角的地理位置

来源：温州市人民政府，2005 年。

3.2.3　文本分析

本研究的二手数据来源于地方政府和房地产开发商提供的官方文件，文件记录了门禁社区相关的规划、土地和住房政策、方案文件等。具体二级数据的来源如下：

2010 年人口普查的文件。这组数据全面揭示了温州市的人口特征,然而该数据的基本测量单元是街道,无法解释社区一级的人口学属性。

《温州市城市总体规划(2003—2020 年)》。该数据于 2005 年由温州市政府批准,内容涉及温州市土地利用规划、住房规划、人口规划等多方面信息,该规划于 2010 年进行更新以适应新的社会经济发展背景。

《温州市统计年鉴》。该组数据提供了 2004—2011 年温州市各行业发展成果和变化情况,尤其提供了当地房地产行业的丰富数据。

社会经济发展规划和城市治理政策等。该组数据提供了中央和地方政府各部门对土地、住房、社区等方面的治理策略。

房地产公司提供的规划设计文件和项目报告。该组数据提供了关于门禁社区开发意图、方案、金融等方面信息,反映门禁社区开发的翔实过程。

3.2.4 问卷调查

本研究问卷调查的目标群体是温州市门禁社区的居民。问卷调查的内容包含居民的人口学特征、社会经济概况、社区日常生活、社区治理偏好和地方依恋等。问卷详情见附录 1。温州市中心城区已注册登记的门禁社区构成了本研究的抽样数据库。在温州市中心城区的 783 个社区中,共有 559 个社区被确定为门禁社区,即符合以下三个标准:①1998 年住房改革后开发;②雇用私人部门在社区提供服务和治理;③拥有安保控制系统。本次调查不包括边远县和农村地区。由于门禁社区大多建在城市建设用地上,边远县和农村地区缺乏相关经验和代表性。

该调查采用概率比例抽样方法(PPS),从 559 个门禁社区中选出 11 个样本社区,计划发放 1100 份问卷。首先,所有的门禁社区都按照从 1 到 559 的顺序编号。然后通过计算每个门禁社区的家庭数得出一个累积和。随后,采用系统抽样方法对 11 个社区进行选择。具体而言,从随机数表中选择 11933 的随机起始数,计算出区间数为 21719;然后,通过给起始数加上 10 次间隔数,得到一系列数字;最后,定位这些数字以识别 11 个社区作为门禁社区的样本。抽样方案与结果详见附录 2。

其次,调查的目标是向每个样本门禁社区的 100 户随机家庭发放问卷。在实践中,调查问卷的有效性很难在研究地点得到验证。因此,向每个样本门禁社区发放的问卷实际数量超过 100 份。为了获得足够的有效问卷,共调查了 1456 户家庭,问卷平均有效率为 89%。然而,根据 PPS 抽样的原则,每个样本门禁社区都需要相同数量的有效问卷,以确保每个样本家庭有相同的选择概率,而不管门禁社区的大小。定量分析的最终数据包括来自每个样本门禁社区的 94 份有效问卷,共计1034 份问卷。因此,PPS 抽样方法确保了问卷调查的结果具有统计学意义,可以代表温州市门禁社区的整体情况。问卷调查的有效性及相关步骤结果见附录 2。

在进行入户问卷调研的过程中,由于家庭名单保密,系统抽样法难以对家庭进行抽样。因此,作者采用了随机抽样方法。具体而言,调查问卷是随机发放给晚上亮着灯的家庭的户主或配偶。如果一个家庭拒绝参与,立即选择另一个最邻近的家庭(通常是隔壁邻居)。需要注意的是,门禁社区的居民由于工作需要白天大多不在家,晚上调研的可行性较高。此外,别墅型门禁社区的规模比高层型门禁社区的规模小得多,因此别墅家庭被抽样的概率相对较小。不过问卷调查的分析更注重评价变量之间的关系,且本研究样本量较大,可容忍一定的抽样误差率。本研究中样本门禁社区的位置见附录 3。

3.2.5　半结构化访谈

本研究采用半结构式访谈的方式,调查不同行动主体对门禁社区发展和治理的经验、意见和利益。半结构式访谈的灵活性和开放性有助于探索实地观察和问卷调查产生的细微话题。通过滚雪球的抽样方式,本研究共进行了 24 次面对面的访谈,访谈对象包括 15 名门禁社区居民、3 名私人开发商、2 名地方政府部门负责人和 4 名物业管理公司员工(详情见附录 4)。每次面谈大约持续 30 分钟到1 小时。

对门禁社区居民的访谈主要关注门禁社区的日常生活经验,主题包括:住房迁移、住房金融、对社区特征的评估、对社区治理的偏好、社区参与和互动、社区意识、地方恋等。受访者覆盖不同门禁社区、不同职业和性别,年龄从 20 多岁到 50 多岁,能够代表不同的声音。对地方政府和私人部门的访谈主题主要集中在发展和治理门禁社区的目的、过程和模式上,其中对国土资源管理部门和住房和城市规划部门的采访重点为城市居住用地开发、住房政策以及地方政府在开发和治理门禁社区等方面;对门禁社区开发商的访谈以深入了解门禁社区的土地开发和融资过程为主,包括城市土地和住房政策的影响等问题。本研究针对社区治理的访谈包括了物业管理公司的工作人员和作为业主委员会成员的居民,旨在调查社区治理的方法、社区服务的内容和多元角色间的关系。

3.2.6　获取调查渠道

进入调研环境是社会研究中最困难的步骤之一（Bryman，2012）。门禁社区由于产权私有化和管理封闭化高度限制了调研渠道。为在实地调研中获得受访者的许可，本研究采用始终公开研究者角色的原则，明确解释研究内容和研究目的。在社区层面通过与每个样本门禁社区的物业管理公司和业主委员会协商，包括与物业管理公司经理和业委会主任预约时间、如实说明本研究的目的、方法和内容，最终获得其支持与合作，许可本研究进入门禁社区。之后，研究人在社区安保人员的监督下，对门禁社区的公共空间进行参与式观察等。

但是，调研门禁社区居民有许多障碍。研究者最初通过熟人网络来访问样本门禁社区的居民，接着采用滚雪球的方式来联系更多居民，确保受访者具有不同年龄、不同社会经济地位和居住在不同类型门禁社区。问卷调研的障碍来自门禁和入户许可。门禁社区内的每一栋建筑都是带门禁系统的，入户调研意味着需要获得进入社区门禁、楼栋门禁和住户门禁的三重许可。本研究首先由物业管理人员介绍访问的目的，然后由研究者对调查内容进行明确的解释。事实上，许多家庭对研究本身表现出良好的理解与合作，并信任随行的社区管理人员而打开门禁。

3.3　伦理考虑

本研究获得伦敦大学学院研究伦理委员会的批准。在访谈调查之前，都与受访者事先预约，并向其明确阐述研究目的、方法和访谈的前提条件。受访者同意研究者在访谈过程中做笔记，并将访谈内容作为研究论文、报告和论文中的定性数据，还就面谈保密问题达成了协议。本研究未披露受访者原始姓名或真实地址。对于地方政府、开发商、物业管理人员等公开已知的受访者，使用假名以确保其保密性。整个研究过程中，无受访者中途退出。

本研究的问卷调查涉及大量参与者。首先，每个门禁社区的准入权均通过协商由门禁社区的物业管理公司和业主委员会授予。其次，在管理人员的陪同下走访样本家庭，征求户主或其配偶的同意参加此项匿名问卷调查。因为户主一般都是成年人，所以 16 岁以下的青少年不包括在本次问卷调查中。问卷前附有研究信息表,明确了研究者姓名、工作地址、研究目的、问卷匿名性和保密性、数据保护、数据使用和参与者的退出权等问题。同时,研究者就上述问题向户主进行了简要介绍。大多数家庭接受了问卷调查,少数家庭拒绝接受,极少数家庭在填写问卷的过程中退出。研究人员随后销毁了无效问卷。所有问卷都以阿拉伯数字编码。作为一项完全匿名的问卷调查,没有任何居民的个人信息被披露,也无法根据研究结果加以推测。

3.4　小结

本章介绍了研究框架和研究方法。与文献综述章节相对应,本研究框架旨在从中国门禁社区的空间生产动因、社区治理和服务以及社会影响三个方面对门禁社区进行考察,以此发展为本研究的三个主体分析章节。本研究旨在以温州为案例,阐释门禁社区实践的性质、其所涉及的社会行动者和过程。研究者采用定性和定量研究相结合的方法分析实地调查中收集了二次数据和一手数据。因为获得门禁社区访问权及接触到重要参与者的困难性,本研究通过半结构式访谈和问卷调查所获得的一手数据具有很高的价值,是目前缺乏的研究数据。本研究完整的分析和结果将在以下三个主体分析章节中介绍。

第4章 温州门禁社区的发展

温州是浙江省沿海地区的二线城市。2010 年统计数据显示,全市总面积 11786 平方公里,常住人口 912 万人(Wenzhou Statistics Bureau,2010)。20 世纪 80 年代至今,温州城市化率由 16.1% 跃升到 67.0%,经济发展主要驱动力为县级民营企业,"温州模式"是改革后中国最成功的工业化模式之一(Wenzhou Statistics Bureau,2014)。历史上,温州居民因为人口密度高、缺少农田,所以更倾向经营家庭作坊而不愿从事农业。改革开放以来,温州受到政治、经济和社会因素变化的深刻影响开始快速城镇化,尤其是本地的私人部门获得了巨大的发展机遇。近三十年,温州的年均 GDP 增长率达 15.6%,私人部门的贡献占全年 GDP 的80.0%以上,繁荣的民营经济也使温州成为长三角地区的重要经济节点之一。

市场经济的深化加强了地方私人部门参与城市发展和城市治理,地方政府也将私有化视为促进经济增长的一种有效途径。温州市政府在 20 世纪 80 年代末和 90 年代中期进行了两轮体制改革,目的是增强私人部门的竞争力。第一次制度改革明确了地方小规模家庭作坊的私有产权,第二次改革促进这些家庭作坊转变为大型股份制企业和有限责任公司(Wei et al.,2007)。改革以来,地方政府高度支持私人部门,并形成促增长联盟寻求地方经济增长。

然而温州的城镇化在 1997 年亚洲金融危机后出现了新的形势。从经济因素上看,本地制造业长期依赖的出口贸易开始收紧,并且开始面临与长三角地区其他城市竞争的巨大压力。从政策因素上看,土地改革和财政分权使土地出让成为地方税收的主要来源之一,促使地方政府采用以土地为中心的、企业家型的城市增长模式。从社会因素上看,当地居民和流动人口之间的社会隔离和居住分异逐步扩大,前者以本地的私营企业家为主,他们在私有化过程中完成了足够的家庭积累并开始渴望改善城市生活方式,后者以低技能农民工为主,他们为寻求就业机会来到温州,主要居住在私营企业主提供的公司宿舍,或在城中村租借便宜的住所。

在此背景下,地方政府将经济发展战略重点从加速工业化转向促进内部消费,强调发展城市住房消费市场为核心策略之一,鼓励私人部门对房地产开发进行大规模投资。在温州,大量资本从制造业中抽出并投入住房开发,促使当地住房市场率先繁荣发展。1998 年中央政府深化住房改革显著加快了城市住房私有化和公共服务私有化的进程,并且颁布了一系列住房政策鼓励市场开发类似于门禁社区形式的商品房。例如,1999 年,住房和城乡建设部发布了《关于发展全国康居住房的通知》和《关于发展全国城镇居民社区发展示范项目的通知》等,开始尝试对中国新型社区的规划设计和治理制定相关政策引导。私人部门开始大量投资建设门禁社区,使之成为主要的房地产开发模式之一。尤其自 2003 年以来,城市房地产行业的投资以惊人的速度增长,私人部门房地产开发成为创造城市税收和促进经济发展的捷径(见图 4.1)。

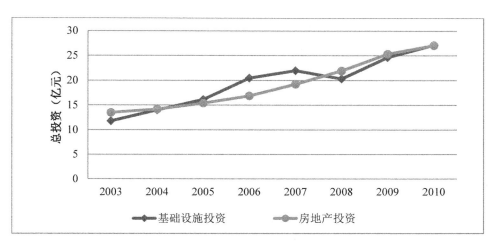

图 4.1　2003—2010 年温州市基础设施年投资和房地产年投资变化情况

资料来源:温州市统计局,2004—2011 年。

以北美城市为主的研究通常认为门禁社区产生的主要动因是城市恐惧,包括对他人的恐惧和对犯罪的恐惧(Low,2003)。生活社区、名望社区和安全区等不同类型的门禁社区均表现出强烈的安全考量(Blakely and Snyder,1997)。然而,门禁社区的驱动力并不仅是安全因素,也受到地方制度、经济等复杂因素的影响,并产生多元化的发展模式。在温州门禁社区发展过程中,地方政府作为城市空间的经营者,通过控制土地的功能和出让深刻影响了门禁社区的发展。本章以温州市为案例,通过考察门禁社区的特点、模式和开发过程,探讨门禁社区发展的动态动因。本章首先梳理了当前门禁社区发展的制度因素,聚焦城市郊区化中的人口增长、土地政策和住房政策;其次分析了三种模式门禁社区的发展逻辑和特征;最后探讨了在土地为中心的城市增长制度下,地方政府和市场在城市郊区发展和城市更新过程中所扮演的角色及对门禁社区发展的作用。

4.1 门禁社区发展的制度背景

4.1.1 规划郊区化的战略

温州城镇化最突出的特点是乡镇民营企业的繁荣。但由于工业功能集中在乡镇,居住、商业、行政等城市功能高度集聚在中心城市,所以城市空间结构存在明显的功能碎片化。为缓解这一问题,温州市政府于 2001 年制定了第九个五年规划纲要,提出发展都市区以连接中心城市与乡镇地区。该规划的主要目的是强化中心城市作的行政、商业、文化、居住功能作为都市区的核心,同时促进郊区发展形成中心城市与各重点乡镇之间连通的发展轴,推动温州新一轮的经济增长。在"九五"规划的指导下,温州市政府与中国城市规划设计研究院合作,制定了《温州市城市总体规划(2003—2020 年)》,并于 2005 年获得批准。根据总体规划,中心城市将向外蔓延,保留主城中心在鹿城区同时建立副城中心在瓯海区,并且合并洞头、七里等邻近的乡镇。截至 2010 年,温州中心城市由三个行政区和三个片区构成(见表 4.1),具体规划见图 4.2。总体规划旨在推动郊区化,一方面缓解现有市中心的高密度人口和住房压力,另一方面通过大规模的郊区住宅开发促进城市房地产发展。例如,在杨府山和梧田规划了五个新的住宅项目,每个住宅项目预计容纳15 万居民。

表 4.1　温州中心城市功能规划(2003—2020)

片 区	功　　　能
鹿城区	• 商业功能保留在开发密度高的老城区中心; • 行政职能和商业职能将转移到距离老城区中心约 10 公里的杨府山; • 其余为住宅开发区,尤其是滨水地区适合低密度、高端商品房的开发;
瓯海区	• 在梧田开发一个新的大学城,承担教育职能; • 湿地区域预留给新住房开发;
龙湾区	• 由于靠近永强国际机场和洞头港,为促进滨海工业园区的发展,特别是加快出口产业的发展,设立一个副城市中心; • 在大罗风景区周围开发新的居住区;
洞头片区	• 开发洞头港; • 扩大居住功能;
七里片区	• 主要发展工业和仓储,同时促进新住房开发;
瓯北片区	• 靠近工业园区设计配套新住宅区。

资料来源:温州市人民政府,2005 年。

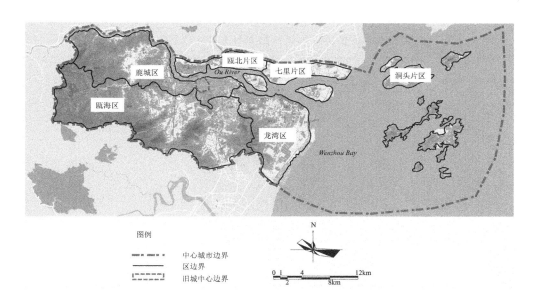

图 4.2　温州中心城市规划(2003—2020)

来源:温州市人民政府,2005。

经过五年的发展,温州中心城市在经济增长和郊区化方面取得了令人瞩目的成绩,然而需要解决的新问题是人口增长和发展开发的规模都超过了总体规划的预计。具体而言,总体规划中,2020 年中心城市总人口不超过 260 万人,然而 2010 年实际人口已达到 360 万人;城市建设用地规划上限为 206.5 平方公里,人均城市建设用地 91.8 平方米,但是 2010 年城市建设用地实际总量达 219.8 平方公里,人均 78.3 平方米。城市土地发展的速度更是超过了人口增长的速度,反映出郊区发展严重依赖于土地开发的事实。具体而言,地方政府在郊区化过程中将郊区农村土地转变为城市建设用地,并且以高价出让给私人部门作住房开发用。如表 4.2 所示,中心城市近郊地区在五年内获得了大量建设用地,增长率最高,为 599.3%。同时,不同郊区采取了多种战略获取用地增长,比如瓯北片区采用征收农村土为集体所有的方式,并将其转化为国有城市建设用地;而洞头片区则采用填海围涂增加城市建设用地。除洞头外,其余郊区的人口增长均十分显著(见表 4.3)。这表明地方政府主导的郊区化已经成功吸引了居民到郊区定居,这些郊区化策略包括开发梧田大学城、杨府山中央商务区和龙湾区滨海工业园等大型项目。洞头作为区域性港口,由于海运业和出口业落后于宁波、杭州等相邻城市的现有港口且缺少发展优势,因此无法聚集人口和就业。

表 4.2 温州中心城市 2002 年和 2010 年城市建设用地建筑面积比照表

温州中心城市	2002 年城市建设用地(km²)	2010 年城市建设用地(km²)	增长率(%)
鹿城区(市中心)	46.3	58.5	26.5
瓯海区	33.0	46.0	39.7
龙湾区	48.5	71.3	47.0
洞头片区	0.8	5.4	599.3
七里片区	20.5	21.3	4.1
瓯北片区	8.6	17.3	101.9
合计	157.7	219.8	39.5

资料来源:温州市人民政府,2013。

表 4.3　温州中心城市 2002 年和 2010 年人口规模对比表

温州中心城市	2002 年人口规模（百万）	2010 年人口规模（百万）	增长率（%）
鹿城区（市中心）	1.0	1.3	35.8
瓯海区	0.6	1.0	70.0
龙湾区	0.5	0.8	51.0
洞头片区	0.1	0.1	−0.1
七里片区	0.1	0.1	40.6
瓯北片区	0.1	0.3	148.9
合计	2.4	3.6	51.9

资料来源：温州市人民政府，2013。

温州市政府于 2010 年对总体规划进行了修订，提出在郊区规划一系列新的综合性中心，将经济发展重点从工业转向服务业，追求均衡发展。修订后的规划从两方面促进了温州房地产业的发展。一方面，居住用地和商业用地通过公开拍卖或公开招标的方式通过市场机制出让给开发商，相反工业用地往往通过谈判和分配的机制出让，因此规划大量居住用地和商业用地对地方财政收入的增长起到着重要的作用。另一方面，中心城市人口的快速聚集使居民对城市居住、商业、服务业等功能的需求急剧上升，特别是郊区人口的发展促使郊区住房消费需求日益增长。因此，地方政府需要对郊区进行进一步升级，使其综合发展行政、文化、商业、居住等城市功能。修订后的总体规划将中心城市的结构由原先的一个主城中心一个副城中心改为一个主中心七个综合性中心。具体而言，鹿城区的主城中心仍旧保留，同时将发展较好的七个郊区作为新一轮郊区化的综合性中心，而一些发展不尽人意的工业园区则被摘牌，例如七里的工业园区。新版的总体规划反映了地方政府刺激郊区新一轮郊区增长的意图。城市郊区化进程正逐步走向后郊区化时代，以发展综合功能，特别是以居住功能为目标。郊区化成为地方政府吸引投资和增加收入收益最关键的创业战略。

4.1.2　快速发展居住用地

自土地出让市场化和财政分权以来，城市土地成为地方政府经营的重要资产，吸引大量投资，更重要的是这成为地方政府的主要财政来源。许多地方政府实施以土地为中心的增长计划,更追求用高市场价格将居住用地出租给私人部门[①]。温州的郊区化依靠土地增长,比如在 2013 年,温州通过土地出让实现的地方财政收入达 271 亿元,占财政预算总收入的 83.5%(Wenzhou Statistics Bureau,2014)。虽然地方政府规划了综合、均衡的郊区化,但事实上,在 2010 年的土地利用规划中,居住用地占城市建设用地总量的一半以上(见表 4.4)。

表 4.4　温州市 2002 年和 2010 年土地利用规划对比表

土地使用	2002		2010		增长率(%)
	建筑面积(平方公里)	占比(%)	建筑面积(平方公里)	占比(%)	
居住	9233.8	58.5	10999.8	53.8	19.1
公共设施	807.8	5.1	1865.5	9.1	130.9
工业	2769.7	17.5	5048.1	24.7	82.3
仓库	208.9	1.3	269.1	1.3	28.8
运输	678.4	4.3	560.2	2.7	− 17.4
道路广场	1422.1	9.0	2029.5	9.9	42.7
民用基础设施	328.9	2.0	434.9	2.1	32.2
特殊用途	32.8	0.2	19.8	0.1	− 39.7
绿地	280.1	1.7	760.8	3.7	171.6
合计	15762.5	100.0	21987.7	100.0	39.5

资料来源:温州市人民政府,2013。

此外,地方政府通过土地出让与私人部门之间形成了促增长联盟。土地出让的方式由三种,即公开招标、拍卖和协商[②]。在此逻辑下,地方政府既可以制定土地租赁价格,又可以在候选人中选择最高价;私人部门在获得土地使用权后,则多开发为门禁社区以获得更高的市场回报。因此,转化廉价的郊区土地用于昂贵的门禁社区开发,成为促增长联盟最大化共同利润的最佳方式之一。从表 4.5 可以看出,虽然近年来土地的出让和土地开发总量的波动较大,但居住用地的成交价格持续飙升。居住用地成本的升高使得私人部门更加渴望发展高端门禁社区,以获得有效的投资回报。

---

① 根据土地利用规划的规定,将城市用地划分为居住用地、公共设施用地、工业用地、仓储用地、交通用地、道路广场用地、市政基础设施用地、特殊用途地和绿化用地。

② 为增加土地出让公平性,后续政策放弃了协商方法。

表 4.5　温州市 2003—2010 年住宅用地开发情况

年份	住宅租赁用地 （平方米）	住宅建设用地 （平方米）	建设用地与租赁 用地的比例	住宅用地成交价格指数 （去年同期＝100）
2003	2487041	2082655	0.8	138.9
2004	706595	1063555	1.5	190.9
2005	603480	1373560	2.3	112.6
2006	538184	886821	1.6	105.0
2007	798605	732454	0.9	147.8
2008	1000662	479364	0.5	134.0
2009	722985	567590	0.8	109.1
2010	260179	N/A	N/A	140.3

资料来源：温州市统计局，2004—2011 年。

4.1.3　鼓励开发门禁社区

第一，在郊区化进程中，地方政府鼓励私人资本投资住房开发。如前文所述，私有化住房的发展使地方政府从提供福利性住房中退出，减少了公共支出，同时刺激地方房地产行业发展，增加地方财政收入。实际上，私人资本在温州住房发展中扮演重要角色，从表 4.6 可以看出，私人部门的投资额远远大于公共部门的投资额；前者的平均投资额为 86.4 亿元/年，是后者的 4 倍。此外，地方政府还颁布了一系列配套政策鼓励社区公共服务的私有化，鼓励郊区住房以门禁社区的方式发展。例如，2000 年颁布了一项名为《温州市住宅小区物业管理条例》的市政条例，将在社区一级提供公共物品、服务和治理的责任完全转移给私人部门，以减轻公共支出的财政负担。

表 4.6　2003—2010 年温州市公共部门和私人部门住房开发投资的对比

年份	国有企业投资（亿元）	国有企业投资增长率	私营企业投资（亿元）	私营企业投资增长率
2003	N/A	—	N/A	—
2004	1.6	—	8.6	—
2005	2.7	65.6%	8.7	1.9%

（续表）

年份	国有企业投资（亿元）	国有企业投资增长率	私营企业投资（亿元）	私营企业投资增长率
2006	2.8	5.7%	9.1	4.7%
2007	3.3	17.1%	11.1	21.5%
2008	2.7	−16.8%	10.7	−3.5%
2009	3.1	12.8%	14.4	34.2%
2010	1.7	−44.5%	17.6	22.3%
年平均	2.2	6.7%	8.6	13.5%

资料来源：温州市统计局，2004—2011年。

第二，地方政府鼓励以门禁社区为手段实现高质量的郊区住房发展。"十五""十一五"等规划多次倡导在郊区化进程中建设高端住宅小区，以提升郊区发展的质量。因此，地方政府在出让郊区居住用地给私人部门时提出了包括提供全方位的社区设施、吸引人的景观和安全设施等要求。对于私人部门而言，提供美学景观、安全保障以及私人化的社区服务可以增加郊区住房的附加值，以此提高产品在住房市场上的交换价值。门禁社区成为一种营销策略，帮助房地产开发商获取最大化的市场利润。

第三，住房金融政策使城市住房迅速溢价。2003年，政府《关于促进房地产市场持续健康发展的通知》强调了房地产开发是国民经济增长的支柱。此后，房地产开发商开始大规模投资开发门禁社区，成为银行等金融机构的主要客户之一。从图4.3可以看出，21世纪初以来，住房投资规模以惊人的速度增长。此外，2008年和2009年出台了一系列住房金融政策，旨在刺激住房消费，保护房地产经济增长免受全球金融危机的负面影响。这些政策的内容包括：①给予税收优惠，如对首次购房者免除印花税和土地税；②将首付款比例从50.0%降低到20.0%；③放宽国内贷款，降低存贷款利率。从表4.7可以看出，2008年低迷的房地产市场得到挽救，并于2009年出现了显著反弹。尽管经历了全球金融危机，温州住房市场仍持续逐年升温，创造了可观的利润。2003年至2010年，年平均住房供应面积为318.99万平方米，年平均住房销售面积为229.59万平方米。住房销售总额平均每年达到171亿元。此外，城市住房市场的蓬勃发展为地方促增长联盟带来了大量的利润。例如，2010年，房地产业实现净利润27亿元，地方收入16.2亿元。①

---

① 来源：《温州市统计年鉴（2010年）》。

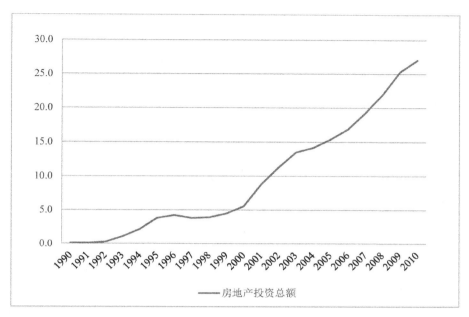

图 4.3　1990—2010 年温州市房地产开发投资总额（单位：亿元）

资料来源：温州市统计局，2004—2011 年。

表 4.7　2003—2010 年温州市住房发展情况

年份	房屋竣工面积（平方米）	房屋销售面积（平方米）	房屋销售总额（十亿元）
2003	3164700	2314000	6.5
2004	3041000	2683500	9.3
2005	2854200	2326600	10.9
2006	3106900	2359700	13.2
2007	4053200	2628600	19.9
2008	4555800	1404600	12.1
2009	2466200	2725000	38.4
2010	2252200	1925200	26.6
平均	3189900	2295900	17.1

资料来源：温州市统计局，2004—2011 年。

第四,地方政府制订了城市更新和住房保障政策,倡导市场提供多种住房选择,因此刺激了不同类型门禁社区的发展。2003 年,地方政府制定的住房政策就提出应引导房地产市场提供不同类型的住房,适应不同的家庭消费能力水平。具体而言,住房市场的消费需求包括并不限于:a)高端商品房;b)普通商品房;c)经济适用房/安置房;d)流动人口住房。结合住宅用地①分类,前三类住宅分别集中在一级住宅用地、二级住宅用地和三级住宅用地。温州流动人口的住房消费受到限制,一方面因为大多技术工人收入偏低,另一方面因为没有与社会福利制度相关联的当地户口,他们几乎没有住房消费能力或者不在获得当地保障性住房的范围内。根据 2010 年温州市人口普查显示,流动人口大多居住在用人单位提供的工厂宿舍内,或居住在郊区工业园区附近的城中村出租屋内。因此,城市更新政策和住房保障政策侧重于满足非流动人口的不同住房消费需求。例如,2006 年,地方政府开始在住房政策中强调平衡城市住房供应,尤其发展更多低成本、小规模的普通商品房社区。此外,地方政府还在土地出让过程中鼓励私人部门参与开发保障性住房和提供社区服务。因此,私人部门将门禁社区的形式应用于保障性住房和回迁住房,但由于投资有限和住房政策的限制,保障房社区、回迁房社区、商品房社区三种类型的门禁社区存在显著差别。

4.2 门禁社区的三种类型

4.2.1 门禁社区的多样性

根据西方文献,门禁社区可分为三种不同的类型,包括:①生活方式社区,其特征是配备豪华的社区设施(如高尔夫球场、游艇码头等),以满足特定的社区生活体验;②名望社区,其特征是具有严格安保,以维护名望群体的隐私和形象;③安全社区,其特征是具有物理围合,旨在减少贫困地区的犯罪率和公共交通穿行(Blakely and Snyder,1997)。然而,以上分类似乎并不适用于改革后的中国。如上节所述,温州的门禁社区形式已经覆盖了商品房、保障性住房和回迁房的开发,本研究将这些社区分别称为高端社区、普通社区、回迁社区三种类型,具体特征描述如下:

---

① 根据《2003—2020 温州市土地利用规划》,一级住宅用地大多位于环境质量较好的郊区;二级住宅用地分布在市区;三级住宅用地多集中在市中心的城中村和郊区周边地区。

－高端社区:主要位于郊区,以吸引高消费能力的居民为目标,拥有优美的景观、精致的公共物品和优质的私人服务,有很高的排他性。此类社区的重心是满足居民的消费需求以为之提供优越的社区生活体验。

－普通社区:提供保障性住房及其社区服务,尽管它们具有门禁社区的基本特征,但与高端社区存在两方面明显差异。首先,地方政府通常限制开发商的投资并要求物业收取可负担的社区服务费,以确保障性住房的福利性质;其次,社区公共物品具有较低的排他性,甚至可能经营面向公众的商业业务。

－回迁社区:由地方政府控制的拆迁安置项目,面向城市更新过程中被拆除住房的居民。在实践中,私人部门有可能承包回迁住房的开发,并将其打造为门禁社区,以利于提高包装产品。回迁社区由政府控制,并不是居民主动的住房消费。

此外,Grant 和 Mittelstead(2004)提出了门禁社区的特征作为国际比较的标准,本研究以此为依据对温州三种类型的门禁社区特征进行横向比较:

－封闭与安全:高端社区社区管理有严格的边界,高度保护私有产权,只允许本社区成员获取社区私人供应的公共物品和服务,维护社区秩序。例如,进入社区和每幢建筑物都由安装在每个家庭中的智能门控系统控制。通过此类门禁系统,每户家庭可以在允许访客进入之前与其对话/视频,并联系物业管理中心提供全天候社区服务。普通社区和回迁社区通常实行半封闭管理,如具备装饰性门禁、围墙和车辆通道的蓝牙门禁(见图4.4),虽然禁止公共交通车辆进入,但一般允许行人通行,小部分社区允许公共商业活动入驻。

－所有权:高端社区和普通社区的大多数居民是主动选择住房消费,而回迁社区的居民是由于拆迁而被动转移的。高端社区享有完整的私有产权,普通社区和回迁社区尽管也具有所有权,但部分受到政府住房政策的限制,比如回迁社区的业主至少三年内不得出售该所有权。

－社区公共物品:社区规划法规规定了新住宅开发项目中公共物品和服务的提供标准,因此从质量和数量的角度来看,三种类型的门禁社区所提供的公共物品存在差异。高端社区倾向于提供符合中产阶级生活方式的设施和服务,如网球场、游泳池、健身房甚至游艇俱乐部,而普通社区和回迁社区通常只配备简单的娱乐设施,如广场和托儿所等供居民日常使用(见图4.5)。

图 4.4　高端社区（上）、普通社区（中）和回迁社区（下）的门禁示例

资料来源：作者拍摄。

图 4.5　社区公共物品示例:高端社区的游艇俱乐部(上)、普通社区的托儿所(中)和回迁社区的广场(下)

资料来源:作者拍摄。

4.2.2　案例 1：高端社区的开发过程

作为案例的高端社区位于温州东郊区，临近永强国际机场。在开发为高端社区之前，这里是城市建成区的边缘，分布着八个城中村，缺乏公共基础设施，周边环境破旧混乱。在郊区化过程中，当地政府征收了这些城中村的集体土地，并规划建设成一个能够容纳约 15 万居民的大型现代居住区。高端社区被规划为这个居住区的旗舰项目，计划打造景观精致、设施高端以及服务管理私人化的郊区生活社区。当地政府希望借助高端社区的广告效应引更多投资，加快郊区住房发展，因此很快推进高端社区的土地出让。2000 年，一家国有企业通过竞标方式获得了土地使用权，并且与当地政府结成促增长联盟。具体而言，当地政府同意以 1.9 亿元的低价，提供地块面积为 12 万平方米的一类优质住宅用地，允许建筑面积 10 万平方米。国有企业开发商全权负责住房开发以及周边配套社区建设，并聘用国内知名物业管理公司提供专业化的社区服务。

当地政府采取了企业家型策略，为促进高端社区的发展规划了有利的土地出让条件。第一，对一类住宅用地收取相对低廉的价格，降低高端社区的投资成本；第二，将土地出让费用分为一年内多期支付，使开发商获得更多时间和融资渠道；第三，全权负责土地征收和城中村拆迁，为高端社区的开发去除阻碍；第四，在土地出让条件中允许开发商提高高端社区的容积率。

开发商主导高端社区的开发，并以提供周边郊区基础设施为条件例如包括建设高端社区周边的道路桥梁、滨水公园等，进一步与当地政府谈判以换取更多土地出让金的优惠和更高的容积率（容积率从 0.9 提高到 1.6）。最终，开发商除了提供高端社区社区内约 4500 平方米的公共物品外，还投资了约 1.9 亿元用于郊区基础设施建设，减轻了地方政府在郊区发展中的财政负担；同时支付了 2.8 亿元土地出让费用和 800 万元契税，这部分款项保留为地方财政收入。

高端社区由市场主导，在社区内提供占地面积超过 50% 的社区森林，低密度的滨水别墅住宅，面积达 2500 平方米的私人幼儿园和社区俱乐部，目的是通过提供高品质的社区生活提高住房销售价格。在 2010 年，高端社区的房价就已高达 5 万元每平方米居温州房价之首。毫无疑问，市场主导的高端社区产生了巨额利润，它的成功进一步吸引大量私人资本投资郊区住宅开发，使周边土地出让费用上涨，增加当地税收。

总之，高端社区的开发是以市场主导的门禁社区模式的代表，反映了企业家型政府希望借助市场资本发展郊区化。具体来说是通过将缺乏城市功能的郊区土地出让给市场开发商,让市场负责提供郊区基础设施和社区公共服务,使增长联盟从郊区土地和住房市场的繁荣中获益。然而,土地开发的昂贵费用被以高端门禁社区住房消费的形式转移到购房者。

4.2.3　案例 2:普通社区的开发过程

作为案例的普通社区位于龙湾区永中街道,距离中心城大约 28 公里。这里曾是传统工业聚集镇,在 2002 年升级为街道,存在大量城中村土地。为了推进郊区化,《温州城市总体规划(2003—2020 年)》将副城中心设立在永中街道。同时当地政府制定了优惠的土地和住房开发政策,希望吸引私人资本投资居住和商业开发,实现该地区城市功能的转型。

普通社区建设虽然由私人部门负责,但是政府的干预明显贯穿于整个开发过程中,因此这是政府和市场共同引导的门禁社区开发模式。1996 年,科技部以及住建部发布计划,在全国试点城市开发市场投资的小康社区,作为深化住房市场化改革的试验,并提出现代社区规划的具体规定,包括:①在社区内部提供足够的公共物品,包括托儿所、活动俱乐部和娱乐设施等;②社区具有精心设计的景观环境;③社区需要满足不同住房需求;④社区服务需要由专业物业管理公司提供。

在中央政府部门鼓励下,当地政府介入了普通社区的土地出让和项目开发全过程。首先,1997 年,当地政府征收了两个城中村规模为 8.2 公顷的集体土地,并协议通过以下方式对城中村村民进行赔偿:①支付现金赔偿村民搬迁;②将村民的户籍转为城市户籍。1998 年,土地征用后不久,当地国土资源管理局就对土地进行公开拍卖,在政府的干预下,四家当地房地产公司达成协议,依据土地出让金成比例持股成立新的房地产开发公司,共同拍得土地使用权。当地政府成立了一个特别领导小组监管该项目的开发全过程。

当地政府对普通社区开发的干预体现在三个方面。首先,领导小组要求普通社区提供保障性住房为重点并采用类似于门禁社区的形式,这是为了使普通社区达到国家小康社区计划的内容要求。其次,当地政府要求开发商为普通社区提供 8000 平方米的社区公共物品,同时支付 700 万元用于清理项目所在地周边的废弃工业区域。再次,领导小组要求开发商支付土地征收产生的拆迁补偿费用。

开发商对普通社区的总投资额达到 2.0 亿元,其资金来源包括公司自有资金、按揭贷款和房屋预售款等市场方式。普通社区的总建筑面积为 12 万平方米,以高层公寓为主,社区内拥有舒适的景观和 30% 的绿化覆盖率,提供了包括托儿所、老年活动中心、社区俱乐部和商店在内的设施。普通社区虽然采用了门禁社区的形式,但公共物品和社区服务都不同于高端社区的高端消费。普通社区因住房及其相关消费的可支付性受到当地市场的欢迎。

普通社区展现了政府和市场共同参与的门禁社区开发模式。前者对土地和住房拥有决定权,是普通社区的主导者;后者扮演了投资者和合作者的角色。具体而言,当地政府将普通社区作为住房市场化的试验,摸索进一步推动郊区发展的方法。门禁社区成为郊区住房发展的理想方式,因为地方政府将郊区基础设施和社区服务供给的财政重担转移给私人部门,并且通过出让郊区居住用地获得税收。随着副城中心的确立,当地政府启动了更多门禁社区形式的住宅开发项目,并通过与私人部门合作开发普通社区以获得基础设施开发的投资,从而推动郊区更加全面综合的发展。

4.2.4 案例 3:回迁社区的开发过程

1996 年,温州市政府宣布对江滨地区进行大规模城市更新,该项目计划改造当地脏乱无序的传统零售业和贸易市场,转型为一个以高档住宅、休闲和商业为主的城市消费中心。回迁社区是城市更新项目中为就地安置拆迁居民而开发的社区。地方政府要求采用门禁社区的方式开发回迁社区,具体来说,该城市更新项目面向中产阶级消费群体开发了精美的广场和商业设施,但项目中的住宅区是封闭的,以防止居住与商业功能互相干扰。

回迁社区的开发体现了政府主导的门禁社区模式,地方政府的控制具体表现在三方面。首先在 1996 年初,当地政府成立了一个城市更新部门专门负责旧城拆迁和安置工作。回迁社区项目涉及的拆迁工作始于 2000 年,包括建筑面积为 9000 平方米的私人住宅和建筑面积为 3 万平方米的单位用房。城市更新部门为此提供了不同的补偿方案,按照房屋产权和现状条件设计不同的拆迁补偿费用单价。但是,项目拆迁仍面临超过 1.2 亿的支出,为减少共财政支出的负担,城市更新部门提出开发回迁社区供被拆迁居民就地安置,包括同意他们可以在直接抵扣赔偿款的情况下,以不到预估市场价三分之一的价格购买回迁社区的住房,并且在回迁社区建成前获得每月的安置赔偿。

其次,当地政府成立了一家市属房地产开发企业,直接负责回迁社区的开发过程。当地国土资源管理部门将土地使用权以划拨的方式给这家房地产开发公司,同时当地规划设计院为回迁社区规划了社区方案,并允许房地产开发公司在回迁社区开发过程中灵活执行社区方案。在经过一轮容积率调整和建筑面积扩大之后,回迁社区于 2004 年竣工。该房地产开发公司为回迁社区提供了 8 万平方米的住宅建筑面积,其中 5 万多平方米为回迁房;提供社区内部的公共设施面积约 8000平方米,以休闲娱乐等基础设施为主。

再次,回迁社区的开发商同时负责该城市更新项目中建筑面积达 11 万平方米的商业开发(回迁社区社区之外)。开发商总共投资 15 亿元到该城市更新项目,其资金来源包括当地银行贷款、其他商品房销售以及商业区运营。开发商在该门禁社区开发和管理中鲜有获利,因此将社区服务外包给另一家本地物业公司(原为房管局下属国有企业)。

总之,政府主导城市更新项目成功升级了当地的商业业态,吸引了大量消费者,同时回迁社区以门禁社区的形式容纳了 806 户被拆迁家庭。随后,当地政府将该城市更新项目作为中心城市的商业核心之一,中心城市土地出让价格飞涨。土地出让、商家和服务行业的繁荣为当地政府创造了大量税收收入。然而,城市更新过程中的回迁社区开发模式存在许多问题,尤其是居民的被动搬迁、既有的社会纽带的丢失以及从传统社区方式转为门禁社区后生活方式的突变。被拆迁居民在城市更新过程中没有自主权,除了经济补偿,他们的市民权利没有得到其他社会政策的保障。

4.3　门禁社区发展的动态动因

4.3.1　门禁社区的动态

表 4.8 总结了三个案例的开发过程,并比较了土地出让、当地政府、开发商的角色以及开发成果这几个方面。很明显,这三种门禁社区案例各不相同,体现了政府和市场在门禁社区开发过程中的不同角色和权利关系。

表 4.8　门禁社区案例开发过程对比

	高端社区案例	普通社区案例	回迁社区案例
到市中心的距离	13 公里	28 公里	位于市中心
现场情况	· 城中村 · 缺少公共基础设施	· 工业镇 · 大量城中村	· 棚户区 · 传统零售市场
土地出让	· 方式:公开竞标 · 时间:2000 年 · 费用:2.8 亿元	· 方式:公开竞标 · 时间:1998 年 · 费用:6820 万元	· 方式:协议 · 时间:2002 年 · 费用:8.9 亿元
开发商	国有企业	由四家本地私营房地产企业组成的股份公司	市政府成立的国有企业
竣工时间	2004	2001	2004
地块面积	12 万平方米	8 万平方米	9 万平方米
建筑面积	19 万平方米	12 万平方米	23 万平方米
房屋质量	别墅和高层公寓楼	高层和低层公寓楼	高层公寓楼
房价	5 万元/m²	1 万元/m²	针对拆迁居民的价格是每平方米 500 元
当地政府的角色	· 为开发商提供便利的规划条件; · 支付土地征用款	· 控制开发过程; · 要求开发商支付拆迁赔偿、提供保障住房	· 制定城市更新规划; · 并成立国有企业执行规划;
开发商的角色	· 通过提供郊区基础设施要求土地出让费用打折 · 要求提高建筑面积和容积率	· 在政府干预的情况下进行开发; · 提供郊区基础设施; · 提供保障性住房	· 代表市政府执行开发回迁房 · 通过运营大型商业中心支付开发费用

　　另外,表 4.9 还提供了进一步的解读。这三个门禁社区案例的区别主要在于以下两个方面:①开发过程,包括开发模式、规划目标和规划执行;②开发结果。具体来说,地方政府与私人部门建立促增长联盟,规划高端门禁社区作为促进郊区发展的旗舰项目,并依赖私人部门投资郊区土地和基础设施建设。这样的郊区化策略强调了私人部门在门禁社区开发过程中所发挥的主导作用。在促增长联盟中,

私人部门可以与当地政府进行就规划方案进行谈判来争取优惠政策和市场利润最大化;作为回报,私人部门需要接手当地政府的转移职能为郊区提供公共物品和服务。通过这种促增长联盟模式,当地政府成功推进了郊区化进程并将财政压力最小化,更重要的是,政府从大规模出让一级住宅用地的土地使用权中获得了巨额税收收入。

表 4.9　不同类型门禁社区的对比

	高端社区	普通社区	回迁社区
开发模式	由市场主导	由政府和市场共同主导	由政府主导
开发初衷	·推动郊区土地开发; ·最大化市场利润	·完成保障房提供任务; ·不一定盈利	·推动城市更新; ·项目本身不盈利
城市规划的作用	为政府和私人部门实现共同的增长	由政府决定,强制要求私人部门实施	帮助最小化拆迁费用;
影响	·加快城市郊区化; ·土地溢价	·副城中心综合发展; ·老旧工业镇产业和功能升级	·加快城市更新、形成商业中心; ·土地溢价

同时,普通社区的开发旨在通过市私人部门完成政府保障性住房建设的任务,因此普通社区的开发过程既存在政府干预也有市场机制的推动。当地政府通过规划严格的土地出让条件干预了普通社区的开发,并监督私人部门通过市场机制执行保障性住房发展方案。在这种混合型的开发模式下,私人部门成为门禁社区的投资者、公共物品和社区服务的提供者。普通社区常见于郊区工业用地附近,因为城市副城中心的功能综合发展聚集了一大批白领年轻人就业,而他们因为住房价格压力往往选择普通社区。

回迁社区的开发是政府主导的,用于解决城市更新中被拆迁户的住房赔偿和安置问题。具有企业家型的政府以门禁社区的形式开发回迁社区,一方面是为包装城市更新项目,另一方面是将居住和商业功能隔离以保障商业中心功能的发展。在整个开发过程中,政府首先控制城市更新的规划与执行,以降低城市更新的成本;其次成立国有企业开发回迁社区并提供社区服务,以解决居民安置问题;最后通过城市更新使传统零售市场转型升级为中产阶级化的商业消费中心,推动周边土地出让价格上涨。由此，由政府主导的回迁社区开发为当地带来了大规模的财政收益，以及更美观的城市景观和更快速的经济增长。

4.3.2 门禁社区的动因

温州门禁社区的发展是城市郊区化和城市更新的一个缩影，反映了城镇化过程中企业家型政府促进经济增长的三种方法：①将土地和住房开发商品化；②允许私人部门参与社区治理；③控制私人部门的权利。从根本上来说，政府对城市空间生产和治理拥有最终决定权，因此中国门禁社区的特征需要放置于这种特殊的制度背景下进行考察。

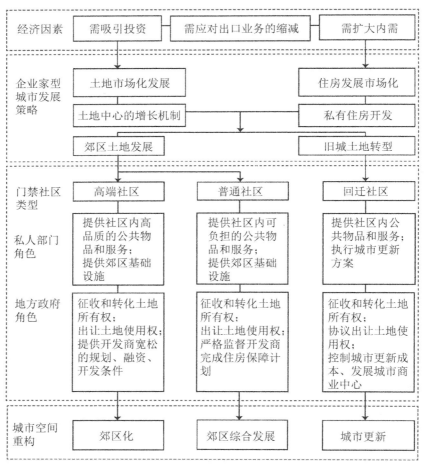

图 4.9 温州门禁社区的开发模式

近十年来城市经济发展强调吸引投资和刺激消费,尤其是在出口行业收紧之后,企业家型政府将郊区和旧城视为新一轮经济增长的战略焦点,并提出一系列制度改革推动郊区化和城市更新进程(见图 4.9)。这样的城镇化过程既有政府逻辑又有市场逻辑。一方面,地方政府视门禁社区开发为加速郊区发展和增强市区核心功能的捷径;另一方面,私人部门通过投资门禁社区开发获得了土地使用权和社区治理的参与,以此寻求投资的市场回报。门禁社区在适应不同的规划目的和市场需求的过程中发展出不同的特征。

首先,门禁社区的安全特征是土地制度和住房开发制度变革的结果。由于土地使用权的商品化和住房产权的私有化,当地政府将住宅用地使用权出让给私人部门,并限定了出让土地使用权的面积与边界;同时,私人部门使用大门和围墙来界定土地使用权和房产所有权的空间界限,这使得新的居住用地开发都采取门禁社区的形式。

其次,门禁社区的美学景观特征受政府重视消费、扩大内需的意图驱动。然而,从根本上来说,门禁社区与现有社区形式的区别在于私人治理,即社区公共物品和服务的市场供给。正如访谈显示,高品质的社区服务是门禁社区的核心营销点。

"在住房商品化初期,对住宅开发的规划并没有多少要求。市场需求仍然是最基础的,即需要有卧室和卫生间。曾经有段时间,门禁是用来进行防卫犯罪的。然而,在第一波商品房大潮之后,市场急切需要门禁社区提供更高的生活质量。安全只是一个基本因素。我认为,中国门禁社区的核心竞争力是社区生活质量和服务。"(温州一家私营房地产公司总裁,2014 年 1 月 10 日接受采访)

"这并不是真正的西式风格门禁社区。欧陆风情已经风靡了一阵子,因为它很华丽、新奇。我们只在公用空间采用西式风格建筑和人工绿化。建筑细节与中国的设计传统和规划法规相符,比如公用空间的选址、内部结构建设以及容积率。现在,对商品房的市场需求已经更加成熟。作为开发商,我们一直注重呈现中国文化,改善智能管理以及为居民提供定制的服务。"(温州一家国有房地产公司总裁,2014 年 2 月 28 日接受采访)

再次,门禁社区出现高端社区、普通社区和回迁社区的不同类型。Wu(2015b:163)提出,在企业家型城市治理的影响下,门禁社区的开发过程引入了"既有市场机制,又有政府干预"的模式。由于不同的政府—市场权利关系,门禁社区出现了政府主导、混合主导和市场主导的不同类型。

4.4 小结

自市场化改革以来,温州的经济增长大多源自乡镇私营企业的繁荣。至 20 世纪 90 年代末,伴随一系列土地与住房改革,地方政府转变政策重心从强调吸引投资和增加内需转向注重保持经济增长。企业家型政府采用以土地为中心的增长机制,通过郊区化与城市更新推动新一轮的经济增长。本章调查了此背景下温州门禁社区的特征、类型与发展动因。在西方国家,门禁社区的发展完全由私人部门主导。而在改革后的中国,因为政府对城市土地拥有最终所有权并对城市规划和治理拥有决定权,所以从不同程度上干预门禁社区的发展。

中国门禁社区发展的研究需要强调城镇化的制度转型和规划变化。从城镇化制度上看,财政分权使地方财政很大程度上依赖城市建设用地的出让,尤其是高利润的居住用地。地方政府与私人部门形成促增长联盟,通过门禁社区的形式开发居住用地,以期吸引大规模投资和人口流入,同时减少公共部门提供社区服务的财政压力。从城镇化规划上看,地方政府采用郊区化推动城市经济增长,同时更新城市中心功能使其作为大都市系统的发展引擎,这两者都促进了门禁社区的发展。

与 Blakely 和 Snyder(1997)提出的门禁社区分类不同,温州三种不同类型门禁社区的实践诠释了门禁社区开发的动态发展历程,展现了改革后中国的门禁社区发展的独特特征。具体而言,高端门禁社区由私人部门主导开发,同时在郊区化进程中也受到当地政府的青睐;普通社区的开发既有私人部门参与,又有政府干预,注重在郊区的全面开发过程中完成保障性住房任务;而回迁社区的开发由政府主导,主要是为了在城市更新过程中安置城中村村民。

第 5 章　温州门禁社区的治理

　　门禁社区是私人治理的居民区，最初是在美国郊区住宅开发的背景下发展起来的（Blakely and Snyder，1997；McKenzie，2005）。从欧美的经验来看，私人治理突出了自治视阈下的公共物品和服务的供给效率，其特征在不同社会背景下也有所差异。在中国，私人治理的出现并不是由某一个因素推动的，而是政府实施市场经济改革、终止公共住房供应以及推动住房商品化等制度性变革的共同作用，刺激了 20 世纪末社区公共物品和服务开始私有化发展。近些年来，在持续的郊区化进程中，当地政府为了削减公共支出、增加当地税收收入，规划了大量方案鼓励私人资本投入土地和住房开发，吸引私人部门参与社区治理（Shen and Wu，2012；Zhang，2012）。尤其由于门禁社区的广泛开发，私人治理作为社区治理的新方式开始被引入治理实践。

　　与此同时，私人治理的市场需求也逐步增长。但是，现有研究很少关注到中国门禁社区居民对私人治理的偏好，一个原因是私人部门（例如民间组织）的弱势地位限制了它们在基层的管理功效（Fu and Lin，2013；He，2015；Read，2012），另一个原因是门禁社区的开发旨在寻求更多家庭隐私和转变传统的居民区生活方式，而不是在社区治理层面上赋予居民更多的选择空间（Pow，2009a）。

　　尽管如此，私人治理仍被认为是中国城市门禁社区治理的创新实践，是对原有工作单位住房和传统居民区中常见的集中管理方式的取代（Wu，2005）。在门禁社区中，私人治理负责维护社区设施、提供社区服务以及代表业主维护私有产权权利。门禁社区居民对私人治理的需求有所增强，主要表现在以下方面：首先，门禁社区公共物品的私有化增加了居民产生管理社区从而保障投资价值的责任；其次，门禁社区的市场化服务与居民不断增长的消费需求相匹配；再次，门禁社区的多样化开发为居民追求更好的社区居住体验和更满意的社区治理提供了更多选择。因此，亟须开展关于中国门禁社区私人治理偏好的实证研究。Woo 和 Webster(2014)提议，有必要对门禁社区的政府效率进行更加科学的评估，以澄清学界中的各种观点。

本章基于对搜集到的温州市一手实验数据的考察分析，分析改革后中国的门禁社区居民对社区私人治理的偏好及其决定因素。本章期望回答以下研究问题：究竟是哪些因素推动门禁社区的居民偏好私人治理？以及这些因素如何塑造了中国门禁社区的治理结构？本章首先介绍了温州市门禁社区私人治理兴起的制度性背景，重点关注了当地政府的干预效果、市场经济的发展以及居民对私人治理的需求；其次，运用多元逻辑模型分析了不同因素以何种方式影响居民对私人治理的偏好、不同类型社区之间的区别以及居民对私人治理在不同方面的满意程度；最后在数据分析的基础上，系统讨论了中国城市门禁社区私人治理的现状。

5.1 门禁社区治理的制度性背景

5.1.1 私有化住房产权

自 1998 年底住房改革以来，在中央政府和地方政府对房屋所有权私有化改革的大力推动下，全国住房商品化进程加快。原则上，中国当前有三种住房所有权类型：国家所有、集体所有和私人所有。其中，住房的私人所有权包括三种：①以补贴价格出售给职工的工作单位房；②通过城市住房市场出售的新商品房；③补偿拆迁居民的回迁房，如表 5.1 所示。

表 5.1　中国城市房屋所有权私有化的不同方式

住房类型	住房供应	私有化方式	私有化后的房屋所有权
工作单位房	由工作单位提供	以补贴价出售给职工	私有
商品房	由房地产开发商提供	通过住房市场销售	私有
回迁住房	集体所有土地上的城中村	将集体所有土地征为国家所有土地	·城中村村民获得私有房屋所有权，但在最初的 2—5 年内不得出售 ·城中村村民保留一小部分集体所有权，不得在住房市场出售

如第 4 章陈述,温州的门禁社区住房产权以从市场购买的商品房为主,也包含通过住房保障和拆迁安置获得的住房。虽然政府限制后两者变成商品房用于投机,但根据各项目的住房保证政策和拆迁政策不同,居民可在 2—5 年后获得后两者的私有住房产权。在城市更新过程中,部分回迁社区可能存在一小部分住房产权属于集体所有的情况,用于补偿给城中村拆迁中的村民,这部分集体所有产权不得在城市住房市场上出售。

2003 年,中国城市出现首次房地产热潮,在全国范围内产生了相当数量的私有住房产权。同年,中央政府起草了《物权法》的全国性法案,对私有住房产权进行了定义,之后这部法案于 2007 年在第十届全国人民代表大会上通过。法案明确规定,新开发的门禁社区的公共物品由业主集体所有。《物权法》第 39 条和第 66 条规定:

> "所有权人对自己的不动产或者动产,依法享有占有、使用、收益和处分的权利",私人的合法财产"受法律保护,禁止任何单位和个人侵占、哄抢、破坏";另外,第六部分规定,"业主对建筑物的共有部分享有共有和共同管理的权利;社区的其他资产属于业主共有,包括建筑区划内的道路、绿地、其他公共场所、公用设施和物业服务用房;共有和共同管理的权利系于私有产权,业主不得放弃权利,但可与私有产权一并转让。"(国务院,2007 年)

随着门禁社区开发的兴起,政府开始引入市场化的公共物品供给。2002 年,住房和城乡建设部发布了题为《城市居住区规划设计规范》的国家级规划文件,并于 2006 年重新修订。这份规划文件将为门禁社区提供公共物品的责任转移给私人部门(门禁社区开发商),并制定了私人部门在门禁社区中提供公共物品的规划标准(见表 5.2)。

表 5.2　社区公共物品提供的规划要求

公共物品	门禁社区（由私人部门负责提供）	非门禁社区（由政府负责提供）
社区服务中心	是	是
社区活动中心	是	否
安全控制中心	是	否
托儿所	是	是
供暖、燃气和水管理中心	是	是
变电室	是	是
垃圾收集中心	是	否
停车场	是	是
公交车站	否	是
广场、草坪、花园和儿童游乐设施	占总面积的 30% 以上	占总面积的 25% 以上

来源:《城市居住区规划设计规范》,住房和城乡建设部,2002 年。

　　住房产权和社区公共物品提供的私有化改革为门禁社区采取私人治理提供了必要的准备条件。毫无疑问,这些激励措施减少了当地政府提供公共物品的财政支出,还通过吸引对居住用地的投资为当地带来了巨额入地出让收益。然而事实上,政府对门禁社区治理的影响仍然是决定性的,一方面,政府虽然将住宅用地使用权出让七十年用于开发门禁社区,但它实际上拥有城市土地的最终所有权;另一方面,当地政府有权通过支付补偿或提供安置住房将私人物业用于满足公共利益和应急需求的开发。后者在城市更新过程中大量出现,地方政府从城中村村民手中征用集体所有土地用于开发私人住宅。

5.1.2　重构社区治理

　　前文提到,门禁社区的私人治理主体包括两部分:业主委员会和物业管理公司。中央政府和地方政府支持在门禁社区中成立业主委员会的原因主要有以下两个方面:①减少用于社区治理的公共财政支出;②引入私人部门解决公共治理薄弱的问题。因此,中央政府出台了一系列规划政策,推动了社区私人治理的形成,具体来说,国务院于 2003 年起草了全国性文件《物业管理条例》,住房和城乡建设部于 2009 年进一步发布了《业主大会和业主委员会指导规则》,后者的第八条和第九条规定:

> "物业管理区域内,已交付的专有部分面积超过建筑物总面积 50％时,建设单位可成立业主委员会,并向当地住房和城乡建设局或者街道办事处申请获得合法治理地位;符合条件的,当地住房和城乡建设局或者街道办事处应在收到申请后 60 日内,批准、指导社区成立业主委员会。"(住房和城乡建设部,2009 年)

在温州市,自 20 世纪 90 年代中期以来,业主委员会作为一种自下而上的治理方式就已经出现;近年来,随着门禁社区的大力开发,业主委员会参与社区治理变得更加普遍。事实上,自 2000 年以来,温州市政府就通过实施政策推动门禁社区成立业主委员会,这要早于全国性政策的推出。其中,2000 年发布的一份市级文件《温州市住宅社区①物业管理暂行办法》要求每个门禁社区,

> "入住率达到 60％以上时,应组织召开第一次业主大会;所有业主都可以在第一次业主大会上选举产生业主委员会,业主委员会主持制定社区治理措施和业主委员会章程;此后,业主委员会正式成立,作为社区自治组织。"(温州市人民政府,2000 年)

然而,地方政府通过重建城市治理机制的方式,严格控制业主委员会的运行权力。具体来说,该机制规定每个门禁社区都需要提供公共治理和私人治理两种治理模式(见表 5.1),在公共治理方面,全市共设立了 190 个居民委员会,代表当地政府开展社区治理工作,它们的主要职责之一就是对门禁社区的业主委员会进行管理。在这种情况下,业主委员会的治理效力被弱化。2013 年,温州市业主委员会协会成立,该协会旨在维护业主委员会的权利以及支持他们的合法活动。协会是

---

① 该条例中的"住宅社区"即门禁社区。

典型的民间自治组织,吸收了三百多个会员单位和个人,后来发展为中国首个支持业主委员会的非政府组织。

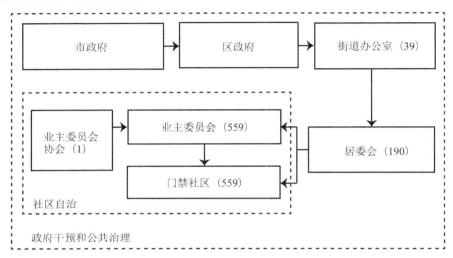

图 5.1　温州门禁社区治理的主体

另外,业主委员会的自治内容还受到国家政策和地方法规的严格限制。业主委员会的治理内容只涉及三个方面:①解决业主大会上提出的问题;②监管物业管理公司运营;③照看集体所有的社区物业资产(见表 5.3)。在基层治理方面,门禁社区的业主有权在业主大会上合法提议并投票做出集体决定,而业主委员会只能在半数以上业主投"赞成"票的情况下传达集体决定。然而,集体决定的过程和结果要受到当地官方的监督。由此,虽然业主委员会具有代表所有业主执行决定的权利,但它们的实际治理能力受到了严格限制,事实上,监督社区服务变成了业主委员会的主要治理内容。另外,业主委员会几乎没有自行筹款的能力,因为它们所征收的社区维护基金被区政府所接管。

总之,在社区层面,业主委员会参与构建了自下而上的治理体系,但其实际的治理能力被限制在政府管制和允许的范围之内。以门禁社区为例,业主委员会的主要职责是提供监督社区服务,而不是基层自治,因此,业主委员会缺乏执行业主集体决定的实际治理能力。

表 5.3 门禁社区业主委员会的治理内容

比较方面	业主委员会委员	业主委员会
基层治理	· 制定和修订业主委员会章程； · 选举和替换业主委员会委员； · 决定集体所有权相关问题	· 召开业主大会,向业主委员会成员汇报社区治理事项； · 执行业主大会的决定
社区服务	· 选择物业管理公司提供社区服务	· 与物业管理公司签订合同； · 收集业主对社区服务的意见； · 根据合同标准,监督物业管理公司的社区服务提供； · 收取社区维护费,由区政府保管； · 安排社区建筑和设施的维护

来源:《业主大会和业主委员会指导规则》,住房和城乡建设部,2009 年。

5.1.3 市场化社区服务

随着门禁社区的发展,社区服务的市场需求大幅增加。私人部门(即物业管理公司)提供的社区服务也已高效适应了此类市场需求,服务范围从日常维修拓展到专业服务。同时,随着郊区化的快速发展,地方政府缺少足够的财政预算来提供丰富的社区公共物品,政府财政短缺现象在郊区尤为严重。

因此,地方政府决定将提供社区服务的责任转移给私人部门,以减少公共财政支出。1999 年,浙江省政府发布了《浙江省住宅区物业管理办法》,推动私人部门提供门禁社区服务,该办法出台后,温州市政府于 2000 年起草了《温州住宅社区物业管理暂行办法》,加快了社区服务市场化进程。进而,激增的市场需求促使中央政府于 2003 年出台了一系列全国性政策和法规,如国务院发布的《物业管理条例》以及国家发改委和建设部发布的《物业服务收费管理办法》,将社区服务的私人提供合法化。

自此,门禁社区的物业服务完成了商品化转型,社区服务只能由私人部门提供,公共部门不再被允许开展这些业务。对当地政府来说,社区服务的商品化是一个新的尝试,为此政府发布了相当数量的法规,旨在:①将物业管理公司的角色定位为门禁社区私人治理的一个组成部分;②定义物业管理公司和业主、业主委员会以及当地政府在社区治理方面的关系;③规定门禁社区开发过程中的服务内容;

④规定门禁社区居民入住后的服务内容；⑤规定社区服务费。物业管理公司的治理能力包括提供各种服务和管理，以及维持社区的社会秩序（见表5.4）。

表 5.4　门禁社区物业管理公司的治理内容

内容方面	描　述
基础服务和管理	• 维持公用区域和社区设施； • 修理和升级社区基础设施； • 维护社区景观中的绿化； • 保洁和垃圾收集； • 控制和管理社区噪声污染； • 管理社区停车问题
高级服务和治理	• 维持社区的社会秩序； • 组织社区活动； • 协助当地政府管理社区重建问题； • 与住户商定的个性化服务； • 与业主委员会商定的附加治理

来源：《物业管理条例》，国务院，2003 年。

地方政府除了将提供社区服务的责任转移给私人部门外，还试图促进物业消费行业的增长并从中获得税收。2003 年，地方政府通过《物业管理条例》，对门禁社区居民使用私人部门提供的公共物品和服务制定了一整套付费机制，该机制推动社区服务供给根据市场需求而变化，由此形成不同类型社区间服务费的差异。

对于门禁社区服务的私营供给方式的塑造，市场机制发挥了必不可少的作用。本文上一节提到，社区内超过 60% 的物业投入使用后，业主委员会负责通过公开竞标的方式招聘物业管理公司，物业管理公司通过公开竞标后，与门禁社区业主委员会签约，成为社区服务的唯一提供方。双方经谈判达成一致后，合同写明物业管理公司作为服务提供者的义务，以及居民作为消费者的义务。此后，门禁社区每户家庭应支付的物业服务费根据房屋建筑面积和房型单独计算。另外，每户家庭还需要分摊社区治理的公共支出部分。作为私人治理的组成部分，物业管理公司对于公共区域物业的使用，只有在门禁社区业主委员会通过的情况下，才能将其用于办公或商业用途。门禁社区服务提供机制与本书 2.4.2 部分提到的 Webster

(2002)关于俱乐部物品的说法相似。

简言之,社区服务的私有化是一个促进市场化的过程。物业管理公司的私人治理权力在当地法规中有详细规定,并受到当地政府控制。门禁社区的服务提供机制使其变成了类似俱乐部物品。

5.1.4　发展物业管理行业

同样,温州市政府施行了推动居民消费社区服务的条例,以期从物业管理行业的繁荣中获益。首先,政府从私人部门吸引了大量投资,帮助其解决了高额的社区服务财政负担。如表 5.5 所示,截至 2014 年,266 家物业管理公司已在温州市政府登记注册,其中 94.7%来自本地私人部门。其次,温州市物业管理行业为当地带来了巨额收入。据 2014 年的数据显示,温州市有 895 个居民区聘有物业管理公司,私人供给的社区服务覆盖了 47.2 平方公里的建筑面积。2014 年,温州市物业管理行业为当地创收 2360 万元税收,超过总收入的三倍,因此,巨额收益促使当地政府对物业管理行业采取更加促进增长的管理方法,以在不断增长的市场需求中将利益最大化。

表 5.5　2014 年温州物业管理行业

比较方面	描　述	
物业管理公司类型	·按投资者分类:	国有资本:11; 私人资本:254; 港澳台资:3; 外资:0
社区服务提供	·为 895 个住宅社区提供服务; ·覆盖 47.2 平方公里的建筑面积	
财政状况	·年收入: ·运营成本: ·税收: ·总收入:	3.41 亿元 3.493 亿元 2360 万元 690 万元

来源:《物业管理行业年度报告》,温州市住房和城乡建设局,2014 年。

为了鼓励社区服务消费,地方政府引入了一个评价机制,对物业管理公司的社区服务水平进行评级(见表5.6)。一方面,该机制强调门禁社的服务提供标准要高于其他类型社区,具体而言,物业管理公司只有达到一级和二级标准才能为门禁社区提供服务。另一方面,当地政府意图运用该机制对不同门禁社区的社区服务费进行分级,以使利益最大化。

表 5.6　温州物业管理公司等级评价

	一级物业管理公司	二级物业管理公司	三级物业管理公司
经济能力	注册资金超过 500 万元	注册资金超过 300 万元	注册资金超过 50 万元
员工数量	超过 30 名专业物业经理	超过 20 名专业物业经理	超过 10 名专业物业经理
经验	管理超过以下两种类型的物业: 1)建筑面积超过 2 平方公里的多层门禁社区; 2)建筑面积超过 1 平方公里的高层门禁社区; 3)建筑面积超过 0.15 平方公里的别墅门禁社区; 4)面积超过 0.5 平方公里的非住宅物业	管理超过以下两种类型的物业: 1)建筑面积超过 1 平方公里的多层门禁社区; 2)建筑面积超过 0.5 平方公里的高层门禁社区; 3)建筑面积超过 0.08 平方公里的别墅门禁社区; 4)面积超过 0.2 平方公里的非住宅物业	管理物业

来源:根据名为《物业管理企业资质管理办法修订》的全国性政策编写,国务院,2007 年。

例如,在一个高端社区案例中,社区服务由一家一级物业管理公司提供,社区服务费定价为每户每月 6 元/平方米,社区服务经过精心设计,社区服务团队包括一名专业首席行政官、59 名家庭管家、31 名专业维修工人和 21 名其他工作人员。与之相比,在一个普通社区案例中,社区服务由一家三级物业管理公司提供,社区服务费为每个月 0.45 元/平方米,大约为高端社区案例的 8%,服务内容包括保安、垃圾收集和绿化。由于价格差异,社区服务质量的差异也越来越大,这一点在高端门禁社区和普通社区的比较中尤其明显。

进而,温州市政府还对门禁社区的维修基金拥有管制权,包括确保基金的安全、社区维修的拨款,以及使用基金购买国债获利。根据《温州市物业专项维修基金管理办法》和《温州住宅物业保修金管理办法》规定,基金由每个门禁社区的开发商和住户缴纳。后来,区政府住房和城乡建设局开设了专用银行账号,用于存储各门禁社区的维修基金和保修金。事实上,2003 年以前,社区维修费由各门禁社区的开发商支付,由物业管理公司管理(见表 5.7)。

表 5.7　温州市物业专项维修基金和住宅物业保修金

比较方面	物业专项维修基金	住宅物业保修金
支付方	住户	开发商
申请	由业主委员会申请	由业主、业主委员会和物业管理公司申请
支付金额	门禁社区每平方米平均建筑成本的 5%—6%	门禁社区建筑总成本的 2%
支付方式	年付	付清
管理	·由温州市物业维修资金管理中心管理; ·由住房和城乡规划建设局、财政局和温州市政府监管。	
用途	·修复、维护和升级公用区域和集体所有设施; ·投资国债	·修复社区基础设施系统; ·投资国债

来源:根据《温州物业专项维修基金管理办法》(温州市政府,2010 年)和《温州住宅物业保修金管理办法》(温州市政府,2010 年)编写。

随着物业管理行业的繁荣,社区维修基金成为巨大的财政收益来源。当地政府开始使用基金投资国债。如图 5.2 所示,2006 年至 2014 年期间,温州市社区维修基金的缴存额持续大幅上涨,同时,投资国债也获得了巨大的回报。尽管如此,每年用于社区维修的支出仍不足新缴存基金的三分之一。因此,门禁社区维修资金成为当地政府的“现金牛”(cash cow),虽然这些基金是为门禁社区的每一个成员所设,但最终却被用来为当地政府谋利益。

5.1.5　门禁社区治理的行动主体与权利关系

如图 5.3 所示,政府、市场和社区是私人治理的关键行动主体,他们之间相互

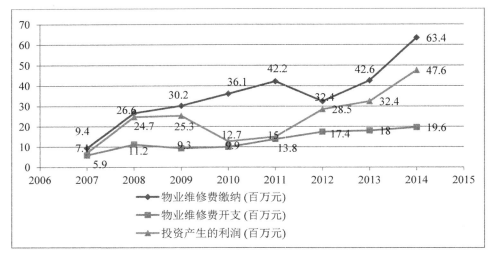

图 5.2　2007 年至 2014 年期间温州社区物业维修费

作用构建了复杂关系。他们拥有不同的权力和资源,在社区治理中扮演着不同角色,政府(包括温州市政府和地方政府)负责公共治理,私人部门(物业管理公司和业主委员会)负责私人治理。在温州市,每一个门禁社区都存在公共治理和私人治理。

一方面,温州市政府有权制定社区发展和治理的法规和规划。具体来说,温州市政府指定住房和城乡建设局、财政局来监督和管控物业管理公司提供的服务,同时,市政府成立了居民委员会,协助区政府进行社区治理,尤其是业主委员会的管理工作。而且,温州市政府还成立了物业维修资金管理中心,负责门禁社区私人治理的资金使用,以管控私人治理的能力和活动。

另一方面,门禁社区的服务市场类似于为消费者提供公共物品的俱乐部市场。私有化的门禁社区产品和服务供给刺激了商品房开发,并且土地出让和物业管理行业的繁荣为当地政府创造了巨大收益。同时,门禁社区出现业主委员会进行自治,虽然成立业主委员会的实际目的是监督物业管理公司。

然而,值得注意的是,虽然政府仍在社区治理中发挥主导作用,但是居民已经能够对社区的塑造产生更大影响。这为调查门禁社区居民对私人治理的偏好及其决定因素提供了一个新的研究路径,同时为研究居民的偏好如何在改革后政府强势干预的情况下影响私人治理提供了实证证据。

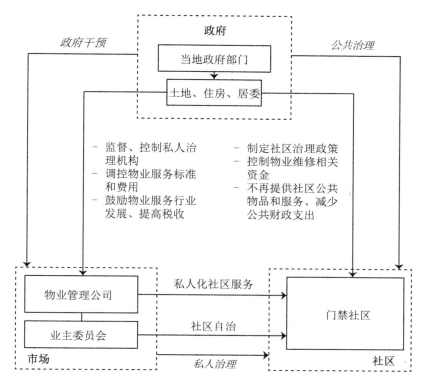

图 5.3　门禁社区治理的权力关系结构

5.2　门禁社区治理的实证研究

5.2.1　数据和方法

本研究共收回来自温州市门禁社区居民的 1034 份有效问卷。在每个抽样调查的门禁社区中,当地政府的公共治理、物业管理公司的治理以及业主委员会的治理均共同存在。调查以家庭为单位,问卷包含三个主题:①社区的建成环境因素;②居民的社会经济概况;③居民的社区日常生活。其中,社区日常生活包括居民对私人治理偏好程度,对社区私人提供的特定产品的使用,以及与私人治理各组织的关系。

本研究对独立变量进行了描述性分析。具体来说,门禁社区居民的社会经济概况通过一组个体层面属性来衡量,比如年龄、性别、职业和受教育背景(见表 5.8),另外,家庭月收入、住房产权和房产建筑面积等属性也包括在内,所有这些属性都已做标准化处理。关于社区因素,私人供给公共物品的方式需要确保每个门禁社区都拥有优美的社区景观,在这种情况下,门禁社区的环境质量总体良好。在此基础上,本次研究将设施提供程度、建筑类型和社区类型纳入社区因素的考察(见表5.9)。第一个变量是以建筑面积与设施面积的比率计算得到的。抽样门禁社区中包括三种建筑类型,分别为低层建筑、高层建筑和别墅,而社区类型则分为高端社区、普通社区和回迁社区。最后显示了居民与社区私人治理相关的居住体验(见表5.10),调查对象被问及他们是否使用过私人部门提供的社区产品以及接触物业管理公司和业主委员会的频率。

表 5.8 个体层面的属性

变 量	描述性分析	
年龄	最小值	19
	最大值	85
	平均值	39.7
	标准差	12.5
性别	女性	38.7%
	男性	61.3%
职业	公共部门	24.6%
	私人部门	62.3%
	其他	13.1%
受教育程度	小学及以下	3.4%
	中学	36.1%
	高等教育(专科、大学及以上)	60.5%
家庭月收入	<5000 元	15.6%
	5000—9999 元	37.3%
	10000—20000 元	25.8%
	>20000 元	21.3%
婚姻状况	已婚	87.7%
	其他	12.3%
住房产权	持有	93.3%
	租用	6.7%

（续表）

变　量	描述性分析	
住房建筑面积	最小值（m²）	70.0
	最大值（m²）	600.0
	平均值	153.7
	标准差	40.1

表 5.9　社区层面的属性

变　量	描述性分析	
公共设施提供程度	最小值	1.8
	最大值	6.4
	平均值	3.3
	标准差	1.4
建筑类型	低层	9.5%
	高层	86.5%
	别墅	4.0%
社区类型	高端社区	45.4%
	普通社区	27.3%
	回迁社区	27.3%

表 5.10　门禁社区的日常生活

变　量	描述性分析	
使用社区娱乐设施	是	52.0%
	否	48.0%
使用社区托儿所	是	36.8%
	否	63.2%
使用社区商业商店	是	37.0%
	否	63.0%

（续表）

变　量	描述性分析	
联络物业管理公司的频率	完全没有联系	5.8%
	一般（一年 1—9 次）	74.1%
	很多（一年 10 次或以上）	20.1%
联系业主委员会的频率	完全没有联系	51.2%
	一般（一年 1—9 次）	43.5%
	很多（一年 10 次或以上）	5.3%

　　此外，本研究还采用多元逻辑回归分析方法，旨在揭示哪些因素影响了居民对私人治理的偏好。具体而言，第一个回归模型中的因变量是居民对物业管理公司、业主委员会以及当地政府机构治理的偏好，该模型揭示了导致居民更偏好私人治理的原因。第二个多项式回归模型指出了三种类型社区的区别，重点分析了不同类型的私人治理，该模型研究了居民是否会因为私人治理的内容不同而选择不同类型的门禁社区。第三个模型考查了居民对物业管理公司和业主委员会的满意度，该模型研究了居民看重的是私人治理的实际效益还是自治的象征性意义。关于因变量的问题是是非题，答案包括"满意"和"不满意"。

　　同时，本研究还运用定性分析的方法，为回归模型的研究结果提供补充解释。本组数据源自 2014 年 12 月至 2015 年 3 月期间对不同类型门禁社区居民开展的半结构性访谈，研究的访谈对象覆盖了不同年龄和职业的各社会群体。

5.2.2　影响私人治理偏好的因素

　　表 5.11 展示了多元逻辑回归分析的结果，测试了不同因素对于居民社区治理偏好的影响程度。调查数据显示，绝大多数居民倾向于选择私人治理的方式，其中 81.2% 的居民偏好物业管理公司，8.6% 的居民偏好业主委员会。偏好政府机构的居民占据了其余 10.2%，在分析中被选为参照样本。模型 1 分析了居民社会经济属性和社区类型的影响，模型 2 则加入了居民与社区治理相关的日常生活，使得分析更加完整。因此，第一个模型在探究居民偏好的差异方面解释力较弱，而第二个模型的 Cox and Snell R^2 以及 Nagelkerke R^2 有显著提高，说明模型在解释力上有了很大改进。

表 5.11　门禁社区居民对私人治理的偏好(多元回归模型:参照群体=偏好政府机构)

	模型 1				模型 2			
	偏好物业管理公司		偏好业主委员会		偏好物业管理公司		偏好业主委员会	
	B	**SE**	**B**	**SE**	**B**	**SE**	**B**	**SE**
截距	1.424 *	.608	.464	.795	.987	1.100	− .616	1.488
性别(女性＝1)	.585 *	.238	.244	.323	.446	.245	.131	.331
婚姻状况(已婚＝1)	− .121	.387	− .426	.487	− .190	.401	− .415	.504
家庭月收入水平	.034	.113	− .081	.155	.057	.120	− .051	.162
年龄	− .006	.010	− .017	.013	− .014	.011	− .029	.014
受教育程度(参照:大专及以上学历)								
小学及以下	.964	.782	.950	.980	.950	.792	.655	1.006
中学	.022	.258	.172	.353	− .083	.270	.027	.366
职业(参照:其他)								
公共部门	− .031	.374	− .059	.521	− .035	.398	− .060	.545
私人部门	.482	.333	.252	.455	.444	.352	.130	.473
联系物业管理公司的频率					1.102***	.274	.870 *	.368
联系业主委员会的频率					.019	.207	.941**	.272
使用社区娱乐设施					.673**	.246	.446	.330
使用社区托儿所					.153	.257	.132	.343
使用社区商店					− .200	.241	− .707 *	.345
公共设施提供的程度					− .011	.200	− .055	.273
房屋质量(参照:别墅)								
低层建筑					− .712	.884	.006	1.223
高层建筑					− .392	.789	.470	1.078
社区类型(参照:回迁社区)								
高端社区	1.008***	.267	.689	.370	.708**	.289	.417	.395
普通社区	.106	.255	.302	.361	.190	.572	.440	.791

注: * $p < 0.05$,** $p < 0.01$,*** $p < 0.001$。在模型 1 中,Cox and Snell $R^2 = 0.041$,Nagelkerke $R^2 = 0.058$,$p < 0.01$。在模型 2 中,Cox and Snell $R^2 = 0.097$,Nagelkerke $R^2 = 0.137$,$p < 0.001$。

　　总体上,居民对于私人治理的偏好更有可能受到社区类型和社区居住体验的影响,而与受教育水平、职业和家庭收入水平无关。研究很难确定具体哪些社会群体支持私人治理,这就说明社会经济地位几乎不会影响居民对于私人治理偏好的形成。此外，住房质量和社区质量也几乎不会对居民的偏好造成影响。

居民与私人治理有关的社区日常生活可通过两方面进行验证：一是居民对私人提供的社区公共物品的使用，二是与相应的私人治理组织的接触。如前文所述，门禁社区私人提供的公共物品在类别、数量和质量上的差异，取决于房地产开发商的投资规模。研究发现，所有抽样社区共同提供的公共物品只有三种，分别为休闲设施、托儿所和杂货店，其余的公共物品并非所有社区都提供。就各类设施的使用情况而言，52.0%的居民称使用休闲设施，而使用托儿所和杂货店的居民比例分别为36.8%和37.0%。研究结果显示，使用社区休闲设施的居民更有可能偏好物业管理公司进行社区治理。另外，使用休闲设施的居民比例处于最高水平，证明私人提供的良好设施能够大大提升居民对私人治理的偏好程度。相反，对社区杂货店的使用降低了居民对业主委员会的偏好，这是因为很多社区内部的杂货店是在业主委员会的同意下租赁场地，然后对所有消费者开放，但是，居民认为这给社区业主带来了困扰。同时，研究发现，居民更有可能支持他们频繁接触的组织，在总体上，社区服务的频繁使用会导致居民更偏好私人治理的模式，而这样的解释被认为是合理的。

由此可得出一些结论。首先，私人部门更着重于在门禁社区提供休闲设施，而不是为居民提供教育和商业等昂贵服务，居民对后者的需求主要留给了社区外部的供应商。其次，门禁社区居民对私人治理的支持源于日常生活，尤其是通过使用私人提供的服务和接触提供私人治理的组织。

最后，高端社区的居民往往偏好物业管理公司提供社区服务，即使是在控制社会经济属性、社区环境质量和居住体验等变量的情况下。高端社区的房价远高于其他社区，其居民通常选择支付价格更高的社区管理费用，以获得更优质的社区服务，而这一明显趋势是由中国城市消费主义文化盛行导致的。对高端社区居民的访谈显示，居民在解释为何偏好私人治理时频繁提到了三个关键字："契约""专业"和"信任"。

"我们实际上是消费者；物业管理公司是受聘为我们解决社区问题的。"（高端社区的居民，2013年12月29日受访）

　　为了进一步了解三种类型门禁社区之间的差异,本研究开展了另一个多元回归模型分析,分析结果如表 5.12 所示。总体上,门禁社区居民的社会经济地位和社区居住体验满意度差异很大。很明显的是,高端社区的居民更有可能拥有更高的收入、消费和受教育水平,并且他们对居住在宽敞的公寓或别墅有着明显的偏好,他们在社区治理上既支持物业管理公司又支持业主委员会,总的来说,富有的他们偏好门禁社区的私人治理模式。另一方面,普通社区的居民在社会经济能力上相对较弱,其中的居民多是年轻人和租客,而不是业主。与城市更新过程中的回迁社区相比,普通社区的居民在社区居住的时间往往更长,不过这两种类型社区居民对社区治理的偏好差异不是很大。

表 5.12　三种类型社区的区别(多元回归模型:参照群体＝回迁社区)

	模型 1				模型 2			
	高端社区		普通社区		高端社区		普通社区	
	B	SE	B	SE	B	SE	B	SE
截距	− 3.396***	.621	− 1.516 *	.754	− 3.906***	.644	− 1.603 *	.765
家庭月收入	.218 *	.086	− .009	.108	.267**	.089	.007	.111
年龄	.005	.008	− .036***	.010	.001	.008	− .038***	.010
房屋产权(持有＝1)	.404	.319	− .925 *	.404	.240	.328	− .964 *	.405
房屋建筑面积	.010***	.003	.005	.004	.009**	.003	.004	.004
受教育水平(大专及以上学历＝1)	.592**	.176	.117	.230	.704***	.183	.191	.236
通勤时间	.006	.003	− .008	.005	.005	.004	− .008	.006
居住年限	.031	.037	.530***	.043	.029	.038	.531***	.044
社区治理偏好(参照＝政府机构)								
物业管理公司	.920**	.271	− .005	.313	.558 *	.280	− .070	.322
业主委员会	.748 *	.382	.285	.440	.436	.394	.137	.452
使用社区娱乐设施					.840***	.174	.106	.218
联系业主委员会的频率					.151	.150	.454 *	.186
联系物业管理公司的频率					.615**	.187	− .049	.238

　　注:＊ p＜0.05,＊＊ p＜0.01,＊＊＊ p＜0.001。在模型 1 中,Cox and Snell R^2 = 0.335,Nagelkerke R^2 = 0.381,p＜0.001。在模型 2 中,Cox and Snell R^2 = 0.371,Nagelkerke R^2 = 0.421,p＜0.001。

在控制居民社会经济属性变量的情况下,不同类型门禁社区私人治理所能够提供的服务类型可能大不相同,高端社区的居民更有可能使用私人提供的社区设施和服务,在这种情况下,居民对治理的偏好更集中反映在物业管理公司,而不是业主委员会。相反,对普通社区治理的分析结果则完全相反。目前为止所做的分析表明,与回迁社区相比,高端社区更加具有类似"俱乐部"式的社区服务消费观念,而普通社区居民在社区内的消费倾向相对较低,因此偏好的治理方式是面向业主委员会进行自治。这进一步反映出,社区提供的差异化的私人治理内容会影响居民对于不同类型社区的居住选择。首先,高端社区强调消费价值,在市场竞争中提供独特、高效、优质的"俱乐部"物品和服务,以满足居民需求,并收取昂贵的管理费用。与高端社区不同,普通社区为居民提供可负担得起的服务内容,私人服务和治理的价格相对较低。回迁社区的居民由于通过政府主导的城市更新政策被动安置到门禁社区,他们并未选择任何私人治理,认为社区服务消费是被强加的。

其次,由于一些普通社区属于政府保障房计划,地理位置总体上更加靠近市中心,而高端社区则大多位于郊区。居住在设施完善的市中心附近,居民能够比较便捷地使用社区外的公共设施和各种类型的公共服务,而不是仅仅依赖社区提供的私人服务。相反,郊区的城市功能更加碎片化,当地政府为满足居民需求所分配的公共物品数量不足,效果较弱。鉴于此,郊区高端社区的居民只能依赖私人治理下的社区公共物品和服务。

5.2.3 影响私人治理满意度的因素

本次研究还就居民对于物业管理公司和业主委员会的满意情况进行了逻辑回归分析,如表 5.13 所示。总体上,45.2% 的抽样受访者表示对前者满意,17.6% 的抽样受访者对后者表示满意,这极低的业主委员会满意度表明他们未能充分代表所有业主,也未能实现规范意义上的社区自治。这再次证实了此前的分析,即居民更有可能将门禁社区视为消费物品和服务的俱乐部,而不是一种自治的方式。

表 5.13　门禁社区居民对物业管理公司和业主委员会的满意度(参照组＝不满意)

	模型 1		模型 2	
	满意物业管理公司		满意业主委员会	
	B	**SE**	**B**	**SE**
截距	− 1.773**	.638	− 2.026**	.771
女	.304 *	.144	.084	.185
婚姻状况(已婚＝1)	− .249	.227	− .395	.275
家庭月收入水平	.145 *	.073	.000	.092
年龄	− .001	.007	− .011	.008
受教育水平(参照:大专及以上学历)				
小学及以下	.619	.412	.683	.464
中学	− .057	.164	.071	.208
职业(参照:其他)				
公共部门	− .676**	.258	− .289	.321
私人部门	− .365	.224	− .136	.268
联系物业管理公司的频率	.998***	.161	.643**	.193
联系业主委员会的频率	.395**	.122	1.298***	.154
使用社区设施的频率	.419**	.125	.523**	.157
公共设施提供程度	.127	.126	− .116	.162
房屋质量(参照:别墅)				
低层建筑	− .026	.482	.303	.575
高层建筑	− .454	.387	− .214	.433
社区类型(参照:回迁社区)				
高端社区	.378 *	.174	− .216	.225
普通社区	− .815 *	.365	− .195	.462

注: * $p < 0.05$, * $p < 0.01$, *** $p < 0.001$。在模型 1 中,Cox and Snell $R^2 = 0.139$, Nagelkerke $R^2 = 0.186$, $p < 0.001$;在模型 2 中,Cox and Snell $R^2 = 0.139$, Nagelkerke $R^2 = 0.222$, $p < 0.001$。

在不同模型中,居民对物业管理公司和业主委员会的满意度似乎受到不同因素的影响。在对物业管理公司满意度的分析中,居民使用社区公共物品和接触私人治理组织的特征十分明显。至于居民的社会经济地位,分析得出类似结果:女性和高收入者更有可能对物业管理公司表示满意。然而,值得注意的是,在公共部门工作的居民对社区服务的私人提供方式表示满意的可能性较低,他们往往认为,政府机构比私人部门更适合进行社区治理。在对一名普通社区居民访问时,她"认为政府部门有责任管理社区"(普通社区的居民,2014年1月7日接受访问)。另外一个突出的影响因素是社区类型。与回迁社区相比,高端社区私人治理提供的服务质量更有可能满足居民需要,而普通社区提供的服务质量则相对较低。搬到私人治理社区后,回迁社区的居民不得不支付社区服务费,他们以前在城中村生活时从来不需要支付此类费用。强制缴纳社区服务费的要求以及社区居住体验的剧变导致回迁居民时常与物业管理公司发生冲突,也就导致该群体更少偏好物业管理公司提供社区服务。一名回迁社区居民在接受访问时表示:

"我不跟物业管理公司员工交流。跟他们没什么好交流的,我也不付物业费。"(回迁社区的居民,2014年1月24日接受访问)

相反,如模型2显示,个人和社区属性很少大幅影响居民对业主委员会的满意度,社区体验(比如接触业主委员会和物业管理公司的频率)也往往很少影响居民对业主委员会的看法。由于政府对业主委员会治理权的限制,业主委员会很难开展令人满意的工作来回应居民需求。一名普通社区的居民接受访问时表示:

"业主委员会只在准备选举委员时才联系我;但是,我认为业主委员会应该在各个方面代表居民,提出居民的决定;然后应该聘用物业管理公司执行这些决定。"(普通社区的居民,2014年1月12日接受访问)

5.3　小结

本章研究了温州市门禁社区居民对私人治理的偏好和满意程度。西方文献认为门禁社区是私人治理的一个新形式,代表着私人部门在提供社区服务方面的作用在增强。但是,中国城市私人治理的兴起源自以下制度性变化,首先,一系列住房改革推动产权和公共物品提供的私有化,它导致福利型政府不再向门禁社区分配公共物品,并将这一责任转移给市场。其次,门禁社区成立了业主委员会进行自治,解决快速郊区化过程中社区公共治理薄弱的问题。最后,门禁社区提供的服务已私有化,当地政府依赖私人部门提供服务,将额外成本转嫁给居民,减少了公共财政的负担。这些制度性重塑了门禁社区治理中政府、市场和居民之间的关系。对每个门禁社区而言,私人治理和公共治理同时存在。政府通过限制业主委员会和物业管理公司提供服务的能力,干预门禁社区的私人治理。

但是,分析结果显示温州门禁社区的居民明显偏好私人治理而不是政府公共治理。居民通过频繁接触物业管理公司、使用私人提供的社区设施或居住高端社区增强了私人治理的偏好。具体来说,通过与物业管理公司互动,居民开始深入了解他们的服务,由此形成了对他们提供的服务的偏好。另外,不同社会经济能力的居民仍然普遍偏好物业管理公司而不是业主委员会,因此,居民选择私人治理是出于类似于满足日常需求的现实原因。而且,业主委员会不能满足居民需求,居民也不偏好他们提供的治理与服务,这个趋势并不受居民的社会经济能力影响。因此,这些事实表明,门禁社区的私人治理强调服务的市场供给而不是自治。

本章的分析还显示,高端社区对私人治理的偏好更强,其在服务提供方面满足居民的潜力也更大。由于高端社区强调消费价值观,私人治理能够确保居民拥有优质社区居住体验。相反,普通社区旨在为经济能力相对一般的家庭提供负担得起的社区服务,因此,物业管理公司在财政有限的情况下难以维系令人满意的私人服务。回迁社区居民对物业管理公司的不满源于他们的被动搬迁,这种安置极大改变了城中村居民的社区居住体验。由此,温州市的私人治理实证证据突显了门禁社区为居民集体消费私人提供商品和服务的俱乐部。

第6章　温州门禁社区的生活

伴随门禁社区的大规模建设,城市的社区生活发生了深远变化(Huang and Clark,2002；Huang and Yi,2011；Li,2003)。不同于传统社区和单位住房的社区生活,门禁社区并不推广集体主义而是推广个人主义,因此被部分学者描述为私有化的天堂(Breitung,2012；Huang,2006；Pow,2009a,2009b；Zhang,2012)。许多中国城市研究将门禁社区与传统社区、单位住房、城中村等社会空间相比较,认为门禁社区代表邻里关系的疏离以及个人权利的强化(Douglass et al.,2012；Li et al.,2012；Pow,2009a)。然而,鲜少有研究关注居民和门禁社区之间的关系。中国的门禁社区是否为居民提供有意义的社区生活? 居民与门禁社区之间是否建立了积极的人地关系? 这些答案尚未揭晓。

大量社区研究采用"地方依恋"作为测量居民(人)与社区(地)之间积极关系的指标,并认为地方依恋的强弱会影响社区生活的整体稳定性(Hidalgo and Hernandez,2001；Low and Altman,1992；Manzo and Perkins,2006)。当前,学界和政府都关注社区一级的地方依恋,将其作为社区治理的重要考虑和政策导向。但是,现有涉及地方依恋的研究多聚焦城中村和商品房之间的差异(Forrest and Yip,2007；Liu et al.,2016；Wang et al.,2015；Zhu et al.,2012),很少有研究关注门禁社区这一新兴社会空间。居民的社会经济属性、社区生活如何影响地方依恋? 不同类型门禁社区的社区依恋有何区别?

本研究并不期望对地方依恋进行系统性分析,但希望通过中国城市的实证探索门禁社区地方依恋的特征、决定因素和影响机制,由此反映中国门禁社区的日常生活。

6.1　门禁社区的消费需求

6.1.1　日益增长的住房需求

温州经济的快速增长大大提升了居民的消费能力。根据统计数据显示,自 2000 年至 2010 年期间,温州市居民人均可支配收入和人均消费支出均保持 10% 以上的年增长率,人均住房面积也逐年上升(见表 6.1)。另外,城市消费的恩格尔系数[①]在此十年间从 0.43 下降到 0.33,表明该地区居民的消费能力已达到富裕水平[②]。

表 6.1　温州市居民消费水平(2000—2010)

年份	人均可支配收入(元)	人均消费支出（元）	人均住房面积（m²）	恩格尔系数
2000	12051	8194	25.6	0.43
2001	13200	8999	26.9	0.39
2002	14591	11612	27.7	0.38
2003	16035	12619	28.7	0.37
2004	17727	14212	29.2	0.37
2005	19805	15822	31.3	0.33
2006	21716	16473	31.5	0.35
2007	24002	17533	33.5	0.36
2008	26172	20333	30.2	0.36
2009	28021	21068	30.9	0.33
2010	31201	23015	30.5	0.33
年平均增长率	10.0%	11.1%	1.9%	N/A

来源:温州市统计局,2011。

随着居民消费能力上升,居民愈发不满足于传统社区、单位住房和城中村等旧

[①]　恩格尔系数是食品消费占个人消费支出总额的比重。
[②]　联合国将恩格尔系数在 0.4—0.3 之间归为富裕水平。

社区的居住条件,强烈需求更好的社区生活。这种住房需求刺激市场供应大量新的商品房。如表6.2所示,2010年鹿城区、龙湾区和瓯海区的商品房(包括私有和租赁)占全部住房比例分别为68.5%、79.2%和25.0%。瓯海区的商品房比例较低是因为该区有大规模的集体所有住房。总体而言,温州市的住房质量较高,例如商品房和公共住房都有多间卧室,96.3%的住房卫生条件良好。Zhang(2012)的研究指出,深化住房商品化以来,门禁社区已经成为中国新住房消费的主要形式,培育了中产阶级化的生活方式。

表6.2　2010年温州三区总体住房情况

	住房条件	鹿城区	龙湾区	瓯海区
住房产权	私有商品房（%）	53.7	18.0	75.0
	租赁商品房（%）	14.8	7.0	4.2
	私有公共住房（%）	20.0	1.0	0.8
	租赁公共住房（%）	3.3	N/A	N/A
	集体所有住房（%）	8.2	74.0	11.7
	其他（%）	N/A	N/A	8.3
卧室数量	四间卧室及以上（%）	2.6	9.0	14.2
	三间卧室（%）	20.7	19.0	34.2
	两间卧室（%）	55.2	12.0	48.3
	一间卧室（%）	14.8	6.0	2.5
	农村住房（%）	6.7	54.0	0.8
卫生条件	带卫生间和浴室（%）	93.0	92.0	100.0
	其他（%）	6.3	8.0	N/A

来源:温州市统计局,2011。

6.1.2　中产阶级化的社会空间

如第四章所阐述,温州的城镇化模式产生了显著不同的居住空间,其中具有更高消费能力的居民选择居住在门禁社区,形成新的社会空间。表6.3对比展示了门禁社区居民的平均社会经济能力与温州市居民的平均社会经济能力。

表 6.3　门禁社区居民与温州市居民社会经济能力对比

居民社会经济能力		门禁社区调研	温州市人口普查
职业	企业管理层/私营企业主	47.7%	N/A
	公共部门负责人/员工	24.5%	N/A
	专业技术人员	14.6%	N/A
	其他①	13.2%	N/A
户口所在地	本地户口	95.2%	53.1%
年龄	0—29 岁	19.2%	42.2%
	30 – 59 岁	74.5%	46.7%
	60 岁及以上	6.3%	11.1%
受教育程度	小学及以下	3.2%	39.7%
	初中	13.7%	39.2%
	高中	22.2%	13.5%
	大专	22.8%	4.7%
	本科及以上	38.1%	2.9%
平均每户人数		3.5	2.6
平均每户住房面积		153.7m²	91.2 m²
拥有住房产权		93.3%	62.5%

来源：本研究抽样调研和温州市统计局，2011。

　　总体上，门禁社区居民更同质化、社会经济能力更高，其中大多数居民拥有住房产权、受过良好教育、大概率从事高收入的中产阶级职业。与城市整体水平相比，门禁社区拥有本科及以上学历的居民占 38.1%，而整个城市仅有 2.9% 的居民为大学毕业。门禁社区居民更有能力消费宽敞住房，家庭平均住房建筑面积达 153.7 平方米，接近温州平均水平的两倍。此外，持有本地户口的居民更倾向于住在门禁社区。非本地户口仅占门禁社区人口数量的 4.8%，然而在整个温州市，几乎一半居民是流动人口，且大多居住在工厂的宿舍和附近城中村，可见流动人口因为住房消费能力较弱而无法选择居住在门禁社区。

---

①　农民，失业，退休归类为其他。

6.1.3 门禁社区居住的核心需求

本研究第二章提到,根据现有理论门禁社区有三个核心特征,分别是安全考量、私人治理和优美化环境。这三方面特征受到改革后中国政治、经济和社会等背景因素的影响。第一,门禁社区的安全考量(即围墙围合)帮助确立了城市居住用地的使用权规模和边界。第四章讨论过,土地改革以来,地方政府将居住用地的使用权通过市场化的方式高价出让给私人部门,为此,私人部门开始采用门禁社区的形式明确私人投资的边界并保护私人产权。第二,深化住房改革后,私人部门开始提供社区公共物品和公共服务,这是新兴门禁社区发展和治理的重要特征。同时由于居民消费能力提高,他们开始追求高品质的私人服务而不是依赖免费的公共服务。尤其在郊区,地方政府为社区提供公共物品和治理的能力相对薄弱,促使郊区居民更重视社区服务的市场供给和消费。第三,根据《城市居住区规划设计标准》的要求,门禁社区通常具有统一规划的景观环境,包括大门、建筑、绿化等元素。审美化的社区景观让人感到愉悦、舒适,也是优质生活的象征。

本次研究调查了门禁社区居民对上述三个特征的需求(见表6.4)。总体上,40.0%的受访者认为门禁社区最重要的特征是私人治理。其中,高端社区和普通社区的居民对私人治理的需求比例明显更高。相反,回迁社区的居民对安全的需求比对私人治理的需求高出6.7%。这反映出高端社区和普通社区的居民往往追求拥有私人治理的社区生活,而回迁社区居民更关心社区生活是否具有安全保障。

表 6.4　最受居民重视的门禁社区特征

门禁社区特征	样本组频率(%)			总数(%) (N=1034)
	高端社区 (n=470)	普通社区 (n=282)	回迁社区 (n=282)	
安全考量	38.7	36.5	42.9	39.3
美学景观	19.8	22.0	20.9	20.7
私人治理	41.5	41.5	36.2	40.0

具体而言,市场化的社区服务和治理为居民日常生活带来了便利,并且维持社区的良好秩序。正如其中一个受访者回复:"我住的社区有管家式物业服务;管家

每次都把我的快递包裹送到我家,帮我家人把重物提到我家门口。我住到这里之前从来没见过这么好的服务"(高端门禁社区居民,2014 年 2 月 5 日接受访问)。在以下两种情况中居民认为安全是最重要的需求。第一种情况是受访者有保护家人免遭犯罪侵害的强烈愿望。他们认为门禁社区是安全的地方,因为门禁社区有监控设备能识别潜在的犯罪;并且门禁社区有保安,能够在犯罪发生时立刻提供帮助。比如,其中一个受访者称,

> "社区里有保安 24 小时巡逻,我觉得很安全;社区有围墙,可以保证我的孩子能够在社区里安全玩耍。"(普通社区的居民,2014 年 1 月 7 日接受访问)

第二种情况是居民对社区的私人治理或者环境景观不满意。其中一个受访者说,

> "对我来说安全比其他两个特征更重要,因为我在这里没有享受到什么社区服务,也没看到什么景观。"(普通的社区居民,2014 年 1 月 12 日接受访问)

三种类型门禁社区中的居民对于优美景观的需求都是最低的。开发商通常将优美、尊贵、主题化的景观作为在城市住房市场推广门禁社区的营销战略。但对居民来说,门禁社区的私人治理和安全才是他们更需要的。

居民在门禁社区的日常生活因为这些新的特征产生了改变,这些改变可能影响居民与社区的关系——地方依恋。首先,门禁社区出现了邻里关系弱化的情况,原因有两个:一是居民的邻里交往不再是工作单位关系的延伸;二是居民更加注重家庭隐私和个人空间。其次,门禁社区提供了更好的居住条件,增强了居民对社区生活的满意程度。再次,门禁社区产权和社区服务的私有化,使居民成为社区公共物品的集体所有者和消费者,这也进一步促进居民参与社区活动和集体行动。这些变化最终形成新的门禁社区日常生活,重塑了门禁社区内的人地关系。下一部分将探讨门禁社区不同维度的日常生活体验和地方依恋。

6.2 门禁社区日常生活的实证研究

6.2.1 数据和方法

地方依恋解释了一个复杂的现象,即"人们倾向于与一个地方保持亲密感" (Hidalgo and Hernandez,2001:274)。居民对社区的地方依恋受到自身社会经济因素和社区特征因素的影响(Woolever,1992)。现有文献很少将地方依恋视作门禁社区的一项必要日常生活体验。此次问卷调查了门禁社区的多方面日常生活,测度了住户对于所在门禁社区的地方依恋。具体测度方法是询问住户从多大程度上同意"我属于这个社区"的说法,答案范围从"强烈不同意"到"强烈同意"。该方法在此前的其他研究中也曾用到(Wu,2012;Zhu et al.,2012)。

现有文献将与地方依恋相关的社区日常生活分为两个维度,分别代表社会维度依恋(social attachment)和物理维度依恋(physical attachment)(Riger and Lavrakas,1981;Van der Graaf,2009)。前者能够反映居民在社区中的社会纽带,后者则说明居民满足于社区物理环境并能够在这个社区安居。根据这一方法,本研究将居民在门禁社区的日常生活分成了两组自变量,分别与社会维度依恋和物理维度依恋相关。问卷调查分别测量了这些自变量,并询问了居民"您觉得哪项门禁社区的特征对您来说最重要",即测度居民对门禁社区安全、私人治理和审美化的环境的需求。

本次研究首先采用了线性回归分析法,将地方依恋作为因变量(连续变量),将自变量分成居民社会经济属性、社会维度依恋、物力维度依恋三组,探索不同自变量对门禁社区地方依恋的影响。此外,运用多元回归模型的方法分析三种类型门禁社区之间的差异。

6.2.2 社会和物理维度的地方依恋

表 6.5 显示了门禁社区中与社会维度依恋有关的三种日常生活体验,分别是社区内邻里互动(social interaction)和社会参与(social participation),调查对象被问接触社区邻居的频率,以及参与社区活动的频率;答案从"从不""很少接触/参与""有时候"和"很频繁"几个选项中选择。通过询问"您在社区认识多少邻居"来

测量调查对象在社区内的熟人数量（volume of acquaintance），答案分别从"没有""很少认识（1—2 个邻居）""认识一些（3—9 个邻居）"以及"很多（超过 10 个邻居）"四个选项中选择。总体上，无论是邻里互动还是社区参与度，绝大部分回答都是正面的；仅有 5.9% 的居民回答与邻居没有互动。这些实证结果显示了门禁社区具有较正面的社会维度日常生活，这与许多现有猜想相反，后者认为生活在门禁社区中几乎没有社会互动，邻里之间社会纽带薄弱。

表 6.5　交叉列表分析：门禁社区内不同社会维度依恋

变量	值	样本组频率（%）			总频率（%）	x^2 显著性
		高端社区	普通社区	回迁社区		
与邻居接触的频率	很频繁	11.5	19.9	12.8	14.1	
	有时候	31.6	37.9	35.5	34.4	$x^2 = 20.883$
	很少接触	49.9	39.0	45.0	45.6	$p < 0.01$
	从不	7.0	3.2	6.7	5.9	
认识的邻居数量	很多（超过 10 个）	14.5	22.7	20.6	18.4	
	有一些（3—9 个）	53.0	56.0	45.4	51.7	$x^2 = 22.274$
	很少认识（1—2 个）	26.4	17.4	25.5	23.7	$p < 0.01$
	没有	6.1	3.9	8.5	6.2	
参与社区公共活动的频率	很频繁	40.6	40.1	32.3	38.2	
	有时候	41.7	45.7	52.5	45.7	—
	很少参与	13.4	10.3	10.6	11.8	
	从不	4.3	3.9	4.6	4.3	

关于邻里互动和相熟程度的回答在不同社区之间的分布相似。其中，普通社区的居民在与邻居接触频繁程度和认识较多邻居方面上比例分别为 19.9% 和 22.7%，在不同类型门禁社区中的排名最高。相比之下，高端社区的居民与邻居进行互动的倾向性最低。这可能是因为高端社区刻意减少了居民在社区内接触和互动的机会，由此提供私密性更高的生活方式，比如，高端社区通常拥有较低的建筑容积率，并且为每户或者每幢楼设立单独门禁，严格限制进入。

不同门禁社区居民都对参与社区活动表现出意料之外的高度积极性。83.9%

的受访者称他们定期参与社区公共活动。其中,高端社区的居民参与社区活动的比例最高。由于支付更加昂贵的社区管理费用,高端社区的物业管理公司更有可能为居民提供优质的社区活动。相反,回迁社区的居民选择从未参与社区公共活动的比例最高,原因是很多拆迁居民是被动搬进回迁社区,因此不愿意参与社区活动。另外,拆迁居民更习惯于城中村的集体生活方式,对由物业公司、业主委员会组织的社区活动比较陌生。

和物理维度依恋相关的日常生活主要集中在居民对社区物质环境的满意度上(见表 6.6)。具体来说,居民对社区形象(community image)、社区位置(community location)、业主委员会和社区服务的体验分别有"不满意""中立"和"满意"几个答案供选择。总体上,在这四个方面的物理维度依恋中,居民对业主委员会的满意度最低,反映了居民对门禁社区自治管理的普遍失望和质疑。高端社区居民对社区形象非常满意,但对社区位置不满意的比例较高。由于在郊区化进程中,高端社区由市场主导开发,社区内部基础设施和功能较周边要更加完善,这种情况使得郊区成为碎片化发展的拼凑物。值得注意的是,回迁社区的居民对社区形象的满意度最低,而普通社区的居民对社区服务功能的满意度最低。关于前者,社区的美学景观通常是房地产开发商采取的商品房广告策略,主要运用于高端社区,而回迁社区的开发商并没有为政府主导的居民安置项目打造中产阶级生活形象的意图。研究结果再次证明,在几种社区类型中,高端社区更加强调社区服务质量,为居民提供满意的社区居住体验。

表 6.6　交叉列表分析:门禁社区内不同物理维度依恋

变量	值	样本组频率（%）			总频率（%）	x^2 显著性
		高端社区	普通社区	回迁社区		
对社区形象的满意度	满意	33.4	28.9	16.1	27.5	$x^2 = 59.728$ $p < 0.001$
	中立	61.7	65.4	65.7	63.8	
	不满意	4.9	5.7	18.2	8.7	
对社区位置的满意度	满意	55.2	67.7	54.1	58.3	$x^2 = 23.157$ $p < 0.001$
	中立	23.9	23.6	28.4	25.0	
	不满意	20.9	8.7	17.5	16.7	

（续表）

变量	值	样本组频率（%）			总频率	x^2 显著性
		高端社区	普通社区	回迁社区	（%）	
对物业服务功能的满意度	满意	52.3	35.5	37.6	43.7	$x^2 = 33.652$
	中立	42.6	55.0	49.6	47.9	
	不满意	5.1	9.5	12.8	8.4	$p < 0.001$
对业主委员会功能的满意度	满意	20.0	18.4	18.4	19.1	
	中立	48.3	50.7	45.0	48.1	—
	不满意	31.7	30.9	36.6	32.8	

6.2.3　影响地方依恋的因素

表 6.7 显示门禁社区居民地方依恋的线性回归分析,分析采用逐步回归的方法测试了不同的居住体验如何影响居民与社区之间的关系。回归模型中依次加入三组属性:模型 1 只包含居民的社会经济状况作为控制变量;在模型 1 的基础上,模型 2 加入了社会维度依恋相关的社区日常生活变量;模型 3 进一步加入与物理维度依恋相关的变量进行全面的模型分析。三组自变量的测量如下所示:

- 性别:女性 = 1;男性 = 0。
- 产权:业主 = 1;租客 = 0。
- 受教育水平:大学学历及以上 = 1;其他 = 0。
- 通勤方式:私家车通勤 = 1;其他 = 0。
- 家庭月收入:低于 5000 元 = 1;5000—9999 元 = 2;10000—20000 元 = 3;高于 20000 元 = 4。
- 与社区邻居接触的频率:从不 = 0;很少 = 1;有时 = 2;很频繁 = 3。
- 认识社区邻居的数量:没有 = 0;很少认识 = 1;认识一些 = 2;很多 = 3。
- 参与社区公共活动的频率:从不 = 0;很少参与 = 1;有时 = 2;很频繁 = 3。
- 对社区形象的满意度:不满意 = 0;中立 = 1;满意 = 2。
- 对社区位置的满意度:不满意 = 0;中立 = 1;满意 = 2。
- 对物业服务功能的满意度:不满意 = 0;中立 = 1;满意 = 2。
- 对业主委员会功能的满意度:不满意 = 0;中立 = 1;满意 = 2。

表 6.7 线性回归分析:门禁社区地方依恋的影响因素(逐步)

	模型 1		模型 2		模型 3	
	B	SE	B	SE	B	SE
常量	2.979***	.163	2.406***	.169	2.135***	.173
年龄	.011***	.003	.007**	.002	.006 *	.002
性别	.144 *	.059	.136 *	.056		
家庭月收入	− .082**	.030	− .067**	.029	− .080**	.028
居住年限	.030**	.010	.028**	.009	.030**	.009
住房所有权	.304 *	.119			.265 *	.113
通勤方式	.236**	.077	.198**	.075	.182 *	.074
社区熟人数量			.196***	.036	.171***	.037
参与社区活动的频率			.199***	.037	.158***	.037
对社区形象的满意度					.141**	.050
对物业服务功能的满意度					.227***	.045

注: * p<0.05;**p<0.01;***p<0.001;在模型 1 中,调整后 R^2 = 0.066,显著性 = p<0.001;在模型 2 中,调整后 R^2 = 0.137,显著性 = p<0.001;在模型 3 中,调整后 R^2 = 0.170,显著性 = p<0.001.

模型 2 和 3 与模型 1 相比,调整后 R^2 的结果有显著改善,表明居民对门禁社区的地方依恋主要由社区内的日常生活属性决定,而不是自身的社会经济属性决定。总体而言,超过三分之二的受访者同意或强烈同意他们对社区的地方依恋;仅有 4.7% 和 1.1% 的居民分别选择"不同意"或"强烈不同意"这一表述;其余的受访者持中立态度。关于居民的社会经济属性,回归分析结果显示,年龄、产权和社区居住年限加强了对门禁社区的地方依恋。事实上,这几个因素对于地方依恋的作用几乎不受社区居住体验的影响。这表明,在门禁社区,老年人、业主和已经在社区居住很长时间的居民拥有强烈地方依恋的可能性很高。他们的对社区的地方依恋状态是很稳定的,即使他们有着不同的社区日常生活。这可能是因为,与年轻人、租客和频繁搬家的居民相比,这些社会群体在定居方面往往具有更稳定的状态。使用私家车通勤加强了居民的地方依恋。事实上,开车的居民在社区内拥有私人停车位,并接受专业物业管理公司提供的相关社区服务,门禁社区 80% 的家庭拥有私家车,这些社区为居民提供车载蓝牙设备作为专属通道进入社区,因此,私家车车主能够享受门禁社区的服务,增进了他们与社区积极关系。

关于社区日常生活方面,频繁参与社区社会活动和认识多数邻居是提高地方依恋最重要的社会维度因素,并且不受到物理维度因素的影响。相反,接触邻居的频率并不影响地方依恋。分析还得出,满意的社区形象和社区服务比其他物理性因素更加影响居民的地方依恋,其中社区服务因素的系数最大。这表明,物业公司提供的私人服务已成为社区日常生活不可缺少的部分。这印证了先前分析即居民认同私人服务和私人治理为门禁社区核心特征。

分析还识别出三个现象。第一,在所有模型中,家庭月收入高反而降低了居民的地方依恋。这说明,居民的经济能力强并不一定带来对社区的依恋。高收入者往往流动性强,比如有样本受访者表示在其他城市开设公司、企业国际化经营,这些工作因素大大减少了居民在社区的时间,弱化了他们对社区事务的参与。另外,超级富豪家庭通常有多套住房,降低了他们对一个地方产生依恋的可能性。

第二,居民对社区的地方依恋并非天然属性,而是由社区日常生活体验培养而成。具体来说,居民通过认识邻居和参与社区活动对社区产生社会性依恋,门禁社区通过提高品质的服务和优美的景观,让居民对社区产生物理性依恋。

第三,在门禁社区,邻里互动并不是地方依恋的决定因素。这在某种程度上支持了一个普遍的观点,即邻里互动已经不再像传统集体主义价值时期那么重要了,Pow(2009b)认为上海门禁社区的居民漠视邻里交往而注重家庭隐私。通过质性调查,本研究发现居民不注重与邻居接触有两方面原因:一是由于拥有相对较强的社会经济能力,居民的社会关系网不再依赖社区等传统社会交往空间;二是拥有中产阶级职业的居民总体上缺少个人休闲时间,很少在下班后接触邻居。其中一个受访者说:

"我下班后主要和同事以及高中同学一起出去玩;社区里社会交往不适合我的年纪;社区活动都是老年人参加的。"(高端社区的居民,2014 年 1 月 7 日接受访问)

有一名受访者表示有认识邻居和参与社区活动的强烈愿望,但是"时间不允许"(普通社区的居民,2014 年 1 月 12 日接受访问)。一名 50 岁的居民说:

"我不联系邻居,我们的生活很少有交集;这跟是不是保护隐私没有关系;企业家才可能,他们想要保护财产安全所以要跟邻居保持距离。"

(普通社区居民,2014 年 3 月 4 日接受访问)

可见,门禁社区为居民提供了建立社会性依恋的新方式,这种新方式不是传统的邻里互动,而是通过私人社区治理实现。例如,门禁社区居民都是物业服务的对象,通过分担社区管理费和成为业主委员会成员,居民之间的社会纽带得到了加强。而且,调查数据显示,94.3%的居民对于"我的邻居会在我需要的时候帮助我"这个表述持积极态度。这表明,大多数居民虽然平常没有频繁的接触,但会把邻居视为日常生活中寻求帮助的可靠资源。

6.2.4 门禁社区地方依恋的差异

参考已有文献,本研究采用多元回归分析不同门禁社区的地方依恋有何区别,回归模型总体上有很强的显著性,包括较高 Cox and Snell R^2 值与 Nagelkerke R^2 值(见表 6.8)。三种类型门禁社区居民的社会经济属性和社区日常生活均显示了显著的差异。分析结果证实,与回迁社区相比,高端社区的居民拥有更强的社会经济能力。具体而言,高端社区的居民拥有更高的家庭收入和更高的学历,他们大概率会购买宽敞公寓/别墅和私家车。普通社区的居民更有可能是年轻人和租客,或者是已经在社区居住了相对较长时间的居民,而非高端社区的富裕群体。

表 6.8　三种类型社区之间的区别(多元回归模型:参照组＝回迁社区)

| | 模型 1 | | | | 模型 2 | | | |
| | 高端社区 | | 普通社区 | | 高端社区 | | 普通社区 | |
	B	SE	B	SE	B	SE	B	SE
截距	−2.894***	.585	−1.772*	.700	−4.415***	.684	−3.110***	.830
年龄	.005	.007	−.036***	.009	.001	.008	−.044***	.010
家庭月收入水平	.212*	.086	−.037	.109	.220*	.091	−.007	.113
性别	.328	.169	−.058	.216	.255	.177	−.042	.222
住房面积	.011***	.003	.006	.004	.009**	.003	.005	.004
居住时间	.035	.036	.541***	.043	.052	.039	.549***	.045

（续表）

| | 模型 1 | | | | 模型 2 | | | |
| | 高端社区 | | 普通社区 | | 高端社区 | | 普通社区 | |
	B	**SE**	**B**	**SE**	**B**	**SE**	**B**	**SE**
受教育水平	.572**	.174	− .035	.229	.584**	.184	− .010	.235
住房产权	.297	.314	− .865 *	.402	.256	.333	− 1.008 *	.413
通勤方式	.606**	.212	.132	.262	.524 *	.222	.007	.267
门禁社区最重要的特征(参考＝私人治理)								
安全	− .272	.181	− .484 *	.234	− .395 *	.190	− .539 *	.241
美学景观	− .192	.219	− .009	.272	− .215	.229	− .007	.277
地方依恋					.293**	.099	.253 *	.124
社区内熟人的数量					− .209	.116	.020	.147
参与社区活动的频率					− .128	.115	.121	.143
对物业服务功能的满意度					.418**	.140	− .101	.173
对社区形象的满意度					.890***	.164	.711***	.204

注: * $p < 0.05$，**$p < 0.01$，***$p < 0.001$. 在模型 1 中，Cox and Snell $R^2 = 0.338$，Nagelkerke $R^2 = 0.384$，$p < 0.001$. 在模型 2 中，Cox and Snell $R^2 = 0.389$，Nagelkerke $R^2 = 0.441$，$p < 0.001$.

在控制居民社会经济属性的情况下，不同门禁社区的日常生活显示出显著差异。模型 2 显示，高端社区和普通社区的居民均更有可能对社区产生地方依恋。与回迁社区相比，高端社区的居民对社区服务和社区形象更加满意，因此更倾向于将私人治理视为门禁社区最重要的特征。普通社区居民的地方依恋不如高端社区的居民高，并且除了对社区形象表示满意之外，普通社区和高端社区的社区日常生活没有任何相似性。

目前为止，分析揭示了三个现象。首先，私人治理性已超过安全性成为高端社区和普通社区居民最重视的社区特征。具体来说，高端社区的目标是吸引具有高消费能力的居民，主要强调提供优质的社区服务而非强调安全特征。所以，高端社区居民的地方依恋集中在物理层面而非社会层面。仅有一部分高端社区的居民表现出较低的地方依恋，但这主要是受到城市整体生活的影响。例如，有一名受访者说：

"我对我的老家有很强的归属感,对这里没有;我并不把这套房子当作家,它只是我下班后休息的地方;等我儿子上完小学上初中后我就要搬家了。"(高端社区居民,2014 年 1 月 7 日接受访问)

其次,普通社区为居民提供负担得起的生活而不是优越的生活,这一点尤其符合年轻人和租客的需求。普通社区的居民有可能通过长时间居住产生积极的地方依恋,而不是通过接受令人满意的社区服务。此外,很多地方依恋不强的普通社区居民有意搬进高端社区,如受访者们所说,他们只要"经济能力允许"就会买进高端社区(普通社区居民,2014 年 1 月 7 日接受访问),因为他们"追求生活质量更高的社区"(普通社区居民,2014 年 1 月 7 日接受访问)。这再次证实了此前的分析,即门禁社区满足了居民对于社区生活中私人治理和私人服务不断增长的需求。

再次,回迁社区不太可能为居民提供积极的日常生活体验。这可能是因为回迁社区最初是政府主导的拆迁安置房,而不是为了满足居民社区生活需求的产物。在这种情况下,被拆迁居民往往是被动搬进回迁社区,因此对门禁社区的地方依恋较低。此外,很多被拆迁居民保持了在城中村或者老旧社区生活的方式,他们既不为私人服务付费,也不支持社区的私人治理。因此,回迁社区的居民更可能将安全视为社区最重要的特征,而不是私人治理。所以,回迁社区的门禁社区生活与高端社区、普通社区具有本质区别。

6.3 小结

本章以温州门禁社区居民的日常生活为研究对象考察门禁社区的地方依恋及其影响因素。从西方国家的经验来看,门禁社区具有三个核心特征,分别是安全考量、私人治理和优美的景观。毫无疑问,门禁社区的这三个特征受到改革后中国城市政治、社会和经济因素的深刻影响。第一,土地使用权出让和居住区规划标准等都要求社区开发具有明确的边界和物理围合。第二,郊区化过程中政府将提供社区物品和社区服务的责任转移给私人部门,使得私人治理成为郊区门禁社区日常生活中必不可少的部分。第三,社区景观的审美化从一定程度上反映出居民在日常生活中对环境、设施和居住品质的消费要求不断提高。这些特征从物理维度和社会维度影响了居民社区日常生活。由此,居民与社区的关系(即地方依恋)产生了显著改变。调查数据表明,门禁社区大多数居民积极依恋他们的社区,这种地方依恋不一定由居民的社会经济能力所决定。具体而言,居民通过认识邻居、参与社区社会活动、使用社区服务以及对社区形象感到满意而产生了较强的地方依恋。研究结果也表明,门禁社区内的邻里互动并不产生地方依恋,邻里交往的弱化是因为居民缺乏社区休闲时间,而且他们的社交网络不受社区空间的限制。

在控制居民的社会经济属性的情况下,高端社区通过提供令人满意的社区服务而产生更好的地方依恋。这一发现证实,拥有高收入、受高等教育、拥有房屋产权的居民更多选择高端社区来消费优质的社区生活(Li et al., 2013;Zhu et al., 2012)。同时,选择普通社区的居民更可能获得相熟度高和更频繁互动的社区生活,并且消费可支付的社区服务。相比之下,回迁社区的居民出现地方依恋程度明显较低的问题。可能的原因是回迁社区的社区物品与社区服务通常处于最低水平,社区治理机构不重视组织社区活动,因此居民对社区形象不满,不愿意为社区服务付费,并且不认可社区私人治理。因此,温州的实证研究证实了门禁社区需要重视私人治理和服务,这对培养积极的人地关系、维持社区稳定具有重要意义。

第7章 结 论

　　中国的门禁社区是深化住房商品化以来的一种新居住飞地,区别于现有的城中村、单位房和传统社区(Breitung,2012;Douglass et al.,2012;He,2013)。具体来说,1998 年住房改革停止了单位福利房供给,2003 年国民经济发展开始将房地产行业作为支柱之一,在此期间与城市土地和住房市场发展相关的规划和治理政策鼓励居住区开发以门禁社区为主要形式。近年来,中国新一轮城市经济增长强调郊区新发展和中心城区存量发展。然而既有研究很少对郊区化和城市更新背景下门禁社区的新特征、过程和影响进行系统性的分析考察。因此,本研究旨在现有文献的基础上,考察中国城市门禁社区作为郊区化的空间、私人治理的机构和都市生活的飞地三个方面的实践,从政治经济学角度分析门禁社区的开发动因和治理机制,同时从社会空间视角揭示不同门禁社区对于居民的影响作用。本研究以温州为案例城市,采用了定性研究与定量研究相结合的方法,从宏观层面阐明了门禁社区不同开发过程中的多元主体作用,还基于收集到的 1034 份门禁社区居民调查问卷,从微观层面揭示了门禁社区对居民公共选择和地方依恋的影响机制。

　　本章首先围绕研究框架对前几章的研究发现进行总结,其次对中国门禁社区的实践特征与其理论特征进行对比,最后提出本研究关于改革后中国门禁社区发展和治理的广泛思考。

7.1　对核心问题的回顾

7.1.1　门禁社区开发:促进郊区发展的重要空间

　　本研究发现门禁社区的开发是郊区发展的重要部分。从根本上来说,改革后中国城市增长的驱动力来自土地和住房的市场化。具体而言,地方政府采用以土地为中心的增长机制和企业家型的治理方式经营城市空间,并在此过程中与私人部门结成了促增长联盟。门禁社区是促增长联盟实现利益最大化的空间开发方式之一。一方面,地方政府通过土地出让将提供郊区公共物品和服务的责任转移给了私人部门且获得土地出让金;另一方面,私人部门通过购买廉价的郊区土地用于高回报率的住房开发获得市场效益。在这种促增长联盟模式下,门禁社区在郊区化过程中大量出现。

中国门禁社区的新特点在于地方政府与市场之间存在复杂的权力关系。地方政府作为土地出让、规划制定和政策执行的最终决策者,有权对门禁社区的开发过程进行不同程度的干预。相应地,门禁社区的开发也出现三种不同类型。具体来说,高端门禁社区由市场主导,主要用于推进郊区发展;普通社区由政府和市场共同主导,主要为完成保障性住房建设任务;回迁社区由政府主导,伴随政府控制的城市更新项目产生。

正如 Zhu(2009:555)的研究指出,中国以城市土地为中心的增长机制显示了地方政府的企业家型角色、政府干预与市场机制间双重协调以及追求共同利益最大化的政策动机。这些政治和经济动因使中国门禁社区与过去居住社区的发展路径产生深刻区别。

7.1.2　门禁社区的治理:偏好社区服务的市场化提供

本研究采用了居民的视角分析究竟是哪些因素驱使门禁社区偏好私人治理,并且这些因素是如何塑造中国门禁社区的私人治理结构的。研究发现,中国门禁社区正形成一种新形式的私人治理,这种形式反映了市场在社区服务提供中的角色得到增强。中国门禁社区的治理强调两个方面:第一,社区公共物品的私有化,这是政府有意将提供公共产品的责任转移给私人部门的结果;第二,私人治理强调将提供社区服务的额外成本转移给居民,而不是将社区治理的权力赋予居民。

在公共选择的视角下,门禁社区的居民偏好私人治理而不是政府治理,这种偏好在以下三种情况下变得更加明显:①频繁联系物业管理公司;②使用私人提供的社区设施;③居住在高端社区。这与 Walks(2008:258)对多伦多的研究发现类似,即在私人治理的空间生活导致居民支持私有化。具体而言,居民通过与物业管理公司互动了解了私人服务的内容和效果,并倾向于选择物业管理公司的服务来满足日常的生活需求。这与 Kirby(2008)的观点相似,即居民选择私人治理是出于现实原因。居民对业主委员会的偏好并不强,因为对于大多数居民来说,门禁社区意味着社区服务的市场化,而不是社区自治,这从他们对业主委员会的低满意度中可以看出。

研究显示,无论家庭的社会经济地位如何,偏好物业管理公司而不是政府机构是普遍现象;在控制社会经济属性的情况下,高端社区对私人治理的偏好更强,并且对社区服务表示满意的可能性更高。社会经济地位较高的居民,比如拥有高收入和大学及以上学历,集中居住在高端社区,消费着私人治理提供的优质社区生活。相反,普通社区为经济条件相对较差的家庭提供了负担得起的社区服务,以此来照顾他们的现实需求。回迁社区对物业管理公司表示满意的可能性较低。对物业管理公司的偏好和满意度较低可能反映了在后两种类型的社区中,物业公司提供低质量的社区服务。

总而言之,中国特色门禁社区的私人治理标志着社区服务的市场化供给,是通过物业管理公司提供服务,而不是通过业主委员会追求自治。中国门禁社区的私人治理更像是"消费者的俱乐部"(Webster,2002)而不是自治的赋权。

7.1.3　门禁社区的生活:物理维度依恋的强化

门禁社区通过提供安全、私人治理和美学景观改变了中国传统社区的集体主义居住机制。如 Walks(2008)所述,私有化的城市空间重塑了居民的日常生活,继而影响他们对空间的认知。本研究以地方依恋为指标考察了门禁社区的社会空间影响。

研究发现,大多数居民对门禁社区具有强烈的地方依恋,主要受四方面日常生活因素影响:认识较多邻居、频繁参与社区活动、使用物业公司服务和满意社区形象。在门禁社区,基于邻里空间关系的社会交往弱化了,这是因为他们缺乏休闲时间并且已将社交网络延伸至社区以外,而不是因为他们追求家庭隐私和个人主义(Douglass et al.,2012;Pow,2009a)。在控制居民的社会经济属性的情况下高端社区增强了居民的地方依恋,主要由于高端社区提供优质的物业服务强化了物理维度依恋,这一点补充了现有社区满意度研究的发现(Li et al.,2013;Zhu et al.,2012)。

总之,门禁社区通过私人治理大幅度提升了居民对社区的地方依恋。在社会维度上,私人治理为居民提供了更多参与活动和功能使用的机会;在物理维度上,私人治理为居民提供更高效的社区服务和积极的社区形象。这证实了 Wu(2012)的研究,即门禁社区提供了日常生活的平台而不是终止了社会实践。

7.2　对门禁社区理论的思考

根据西方城市经验,门禁社区理论上是一个抵御不确定因素的物理空间、居民自治的私人空间和中产阶级生活方式的社会空间(Blakely and Synder,1997;Low,2003)。部分研究批判门禁社区的本质是空间、制度和社会维度的隔离(Roitman et al,2010)。比如 Calthorpe(1993:37)批判门禁社区"象征隔离,更可悲的是象征恐惧,取代了多元与包容成为城市发展的潜台词"。但是,另一部分强调比较城市主义的文献认为不应该对门禁社区持有理论决定论,而应该将门禁社区这一全球性现象放置于当地的复杂背景中研究,从其他地方尤其是全球南部提出新的理论(theorise from elsewhere)(Robinson,2011)。本研究关注改革后中国城市门禁社区,认为它们虽然形式上与西方国家的门禁社区相似,但其发展和治理受到政府的显著影响。政府主导的土地和住房市场化是使中国门禁社区区别于西方门禁社区的主要因素。在这样的制度背景下,中国门禁社区的实践展示出了与西方门禁社区的差异(见表7.1)。

表 7.1　门禁社区的理论论述与中国实证比较

	理论论述	中国实证
美学景观	• 郊区生活方式	• 郊区土地发展
安全考量	• 防御性的空间(土地所有权属于业主)	• 土地使用权边界(土地所有权属于国家)
私人治理	• 业主委员会自治权利强 • 追求选票;	• 业主委员会自治权利弱 • 追求增长;
政府的角色	• 不直接干预私人空间的发展和治理	• 通过控制土地开发、规划、政策等控制/干预城市空间发展和治理
私人部门的角色	• 通过完全私有化控制门禁社区的发展和治理	• 通过投资土地使用权、提供公共产品和服务参与城市空间发展与治理
居民的角色	• 基于社会阶层的空间分异; • 个人主义需求; • 公共选择强	• 基于消费能力的空间分异; • 社区服务需求; • 公共选择弱

中国门禁社区在安全考量、美学景观和私人治理三个特征上都具有新的内涵。首先,物理围合强调了界定土地使用权规模的作用;其次,审美化的景观并非源自中产阶级的郊区生活方式需求,而是作为促进郊区土地开发的手段;最后,虽然成立了业主委员会,但由于地方政府的控制,门禁社区的自治、回迁社区居民的居住选择等都受到了地方政府的干预。

从发展和治理角度而言,中国门禁社区与西方同质化和高度私有化的门禁社区存在差异。首先,在中国门禁社区中政府的角色至关重要。改革后,政府角色重心从强调福利提供转型为促进经济增长,通过控制土地和资本并且制定城市发展政策,推动了中国门禁社区特征的演变。其次,私人部门作为基础设施的投资者和社区服务的提供者开始参与城市空间的发展和治理,但由于受到产权和决策权的限制,私人部门的角色作用与新自由主义背景下的门禁社区私有化有本质区别。最后,居民有可能基于不同的消费能力居住在不同类型的门禁社区,但社会经济能力不足的居民极有可能缺乏退出和发声等公共选择权。

7.3　对未来研究的启示

本研究试图回答"门禁社区在多大程度上是可持续的社区?"这一问题,探索中国门禁社区发展和治理更普遍的意义和启示。Blakely 和 Snyder(1997:169)提出,"可持续社区是综合考虑环境资源、社会平等和公共生活的社区"。基于此理解,本研究反思中国门禁社区发展的问题,并尝试提出未来城市的住房、城市治理和规划建议。

–住房发展:门禁社区是中国城市郊区化和城市更新进程中一种重要的住房发展策略,而其核心目的是帮助实现土地的资本化、促进财政增长和解决住房需求。在以土地为中心的增长机制下,门禁社区吸引土地投资和住房相关的消费。但是,这种住房发展策略有可能导致投机主义和居住碎片化。首先,促增长联盟可能为追求住房投资的最大化而调整居住用地出让、住房容积率、居住环境设计和公共基础设施建设等,使门禁社区以新自由主义的方式开发,进而可能导致房价飞涨、城市金融危机加剧等问题。其次,受当前土地和住房开发政策的驱动,门禁社区等郊区住房项目形成了后郊区的拼接式空间结构,即郊区服务和基础设施的提供呈现碎片化状态。近年来,由于建设用地短缺和经济增长放缓,城市开发已经从追求大规模的蔓延模式转向强调紧凑的存量模式,因此,需要鼓励更全面、更可持续的城市住房开发,例如支持可以创造更多就业机会的城市发展,而不是通过土地和房屋开发聚焦资本积累。

　　-城市治理:土地市场化和财政分权改革后,地方政府从福利型转型为企业家型角色,城市治理也表现出去中心化的发展趋势。虽然门禁社区的治理强调了高效率的私人化服务率,但是社区治理强调转移公共服务供给的责任,而非增强保护居民利益的自治权力。因此,需要强化居民选择社区治理的权利和传递不满声音的途径,关注回迁社区对维护产权和自治的需求。

　　-为社会公平做规划:城市规划推广了门禁社区以安全、美学、私人化等新方式展示优越的城市生活。但是,以增长为导向的规划无法解决户籍差异与城乡差异等问题。Wu(2015:206)指出"规划的商品化,意味着公共参与还处于政策宣传阶段,而不是政策制定阶段。"Fainstein(2010)提出,城市规划应优先考虑平等的价值观以确保政策制定的社会公正。因此,当下需要更加平衡、公正的规划来解决增长与公平之间的矛盾,比如包容性的混合居住规划等,对提高社会凝聚力有至关重要的作用。

附录 1　调查问卷

温州门禁社区调查问卷

尊敬的住户：

您好！我是英国伦敦大学学院（University College London）巴特莱特城市规划专业在读博士生，正在为《中国门禁社区的发展和治理》的课题进行社区问卷调查，希望得到您的支持。您的意见代表着许多相似家庭的意见，对本次调研起着至关重要的作用。填写问卷时不需要署名，调查结果仅用于学术研究，不会用于除此外的任何用途。

感谢您的配合！如有任何疑虑请联系 tingting.lu.11@ucl.ac.uk.

伦敦大学学院巴特莱特规划学院

2013 年 4 月

A：户主基本情况

A1：年龄：_____周岁

A2：性别：

1．□男　　2．□女

A3：婚姻情况：

□未婚；

□已婚与配偶同住

□已婚但不与配偶同住

□离异或丧偶

A4：教育程度：

1．□未受过教育

2．□小学

3．□初中

4．□高中

5．□中专/中技/职高

6．□大专

7．□大学本科

8．□研究生或以上

A5：户口类型：

1．□本市非农业户口

2．□本市农业户口

3．□外地非农业户口

4．□外地农业户口

A6：户口所在地：

1. □温州市区

2. □温州非市区其他县市

3. □外地迁入温州

4. □外地

A7：职业：

1. □农民

2. □个体户或私营企业主

3. □企业管理人员

4. □企业一般职员

5. □机关/事业单位负责人

6. □机关/事业单位职员

7. □专业技术人员

8. □自由职业

9. □离退休

10. □其他请注明_____

A8：所在单位性质：

1. □党政机关

2. □国家事业单位（如教育、科研、医疗）

3. □国有企业

4. □集体企业

5. □私营企业/个体户

6. □外商独资企业

7. □中外合资/合作企业

8. □其他请注明_____

A9：所处行业：

1. □农林牧渔业

2. □采掘业

3. □建筑业

4. □交通运输业

5. □仓储业

6. □商业零售业

7. □公共饮食业

8. □金融保险业

9. □房地产业

10. □卫生体育

11. □教育文化传媒业

12. □科学研究业

13. □国家机关社会团体

14. □无就业

15. □工业制造业

16. □其他请注明_____

A10：您家庭每月总收入大致范围_____；

1. □1000 元以下

2. □1000—5000 元

3. □5000—1 万元

4. □1 万—2 万元

5. □2 万元以上

A11：同住的家庭人口数_____人；_____代人；

包括：

1. □配偶　　　　　　2. □孩子

3. □父母　　　　　　4. □配偶父母

5. □其他亲戚

B:居住状况

B1:您房屋的面积大约_____平方米;您已经入住该房_____年。

B2:您是否有聘请保姆、钟点工?

1.□是　　　　　　　　2.□不是

B3:您居住的房屋产权是:

1.□自有

2.□父母所有

3.□亲戚/朋友所有

4.□租赁

B4:您购入/入住此套住房的用途是(可多选):

1.□家庭平常使用

2.□家庭周末或假期使用

3.□子女读书使用

4.□子女婚房

5.□给父母平常使用

6.□出租

7.□投资房屋物业升值保值

8.□其他请注明_____

B5:购房经费来源(多选):

1.□收入积蓄(不含住房公积金)

2.□出售以前住房

3.□住房公积金

4.□父母或亲属资助

5.□住房公积金贷款

6.□商业贷款

7.□个人借款

8.□政府住房补贴

9.□拆迁赔偿

10.□其他请注明_____

C:出行方便度

C1:您去工作单位最常使用的交通工具是_____?除去工作外,您最常使用的交通工具是_____?

1.私家车　　　　　2.出租车

3.公交车　　　　　4.电瓶车/摩托

5.自行车　　　　　6.步行

C2:您从家到工作单位一般需花费多长时间:_____分钟?

C3:您对本小区的交通区位满意吗?

1.□满意

2.□中立

3.□不满意

C4:小区停车您更希望使用的是_____?您更常使用的是_____?

1.□私人车库和小区内路面停车场

2.□小区外公共停车场

D:社区生活满意度

D1:您与小区内邻居来往频率?

1.□很频繁　　　　2.□有时候

3.□很少来往   4.□从不

D2：您认识小区内的多少邻居？

1.□很多（超过 10 个）

2.□认识一些（3—9 个）

3.□很少认识（1—2 个）

4.□没有

D3：小区组织的公共活动您和家人会参

加吗？

1.□很频繁   2.□有时候

3.□很少参加   4.□从不

D4：您对目前居住的小区的形象满意吗？

1.□满意   2.□中立

3.□不满意

D5：您选择本小区的原因？（选最重要

三个）

1.□小区周边环境和配套设施好

2.□楼盘品质好能保值

3.□房价相对优惠/房租便宜

4.□开发商/物业口碑好，

5.□小区位置靠近机场/高速口/大学

6.□靠近工作地点

7.□子女上学方便

8.□有熟悉的朋友介绍/入住

D6：您更希望住在哪里？

1.□住在郊区   2.□住在市中心

E：社区服务满意度

E1：您使用小区提供娱乐设施的频率：

1.□经常使用   2.□偶尔使用

3.□使用小区外的

E2：公共设施您更常使用：

1.□小区内的设施

2.□小区外公共设施

3.□小区外私人设施

E3：小区内的学校幼托服务，您使用吗：

1.□经常使用

2.□偶尔使用

3.□使用小区外的

E4：您使用小区内的商业服务（商店

等）吗？

1.□经常使用

2.□偶尔使用

3.□使用小区外的

E5：您常联系物业服务（维修，包裹等）

吗？

□经常联系（一年 10 次以上）

□一般（一年 1—9 次）

□完全没有联系

E6：您对小区物业的服务满意吗？

1.□满意   2.□中立

3.□不满意

E7:您常联系小区业主委员会吗?

1.□经常联系(一年 10 次以上)

2.□一般(一年 1—9 次)

3.□完全没有联系

E8:您对目前小区业主委员会功能满意吗?

1.□很满意　　　　2.□中立

3.□不满意

E9:小区管理上,您更偏向谁?

1.□物业公司

2.□业主委员会

3.□街道居委会

4.□相关政府部门

F:整体满意度

F1:您认为一个好的小区的最关键是(选一个):

□能有效保护安全

□能提供高品质的居住环境和设施

□能提供高品质的物业管理和服务

F2:请选择数字回答:

5 = 绝对同意

4 = 比较同意

3 = 一般

2 = 比较不同意

1 = 绝对不同意

问题	答案
A:我认为本小区的人对我家很友好	
B:本小区人都有相同的观念和习惯	
C:我能得到邻里的帮助	
D:我认识小区里的很多人	
E:多数邻居都认识我	
F:我觉得自己属于这个小区	
G:我在乎邻里怎么看我	
H:我和家人都会参与本小区的公共活动	
I:如有问题,小区业主会共同解决	
J:成为这个小区的一分子对我很重要	
K:小区的成员互相关心	
L:我愿意在这小区长期居住	

非常感谢您付出的宝贵时间!

附录 2　问卷调查的抽样方案与结果

PPS 抽样的第 1 步:

按字母顺序列出门禁社区的名称和每个门禁社区的家庭数(A_n);按每个门禁社区的大小计算家庭总数;计算得出家庭总数(b):

$$b = 238906$$

将总累积家庭数除以目标门禁社区数(N),得出采样区间数(SI)

$$SI = b/N$$

$$SI = 238906/11 = 21719$$

选取随机起始数(RS);将包含该 RS 的门禁社区确定为第一个样本门禁社区:

$$RS = 11933$$

通过 RS 加上累积区间数计算出样本数(SN));使用 SN_n 来定位剩余的 10 个样本门控社区。

$$SR_n = RS + (n-1) * SI, n = 1, 2 \cdots 10, 11$$

第 2 步:

计算每个门禁社区被抽样的概率为概率—1(Probability—1):

$$Probability—1 = A_n/b$$

将 94 份问卷作为每个门禁社区的最终问卷量(AQ);计算每个门禁社区中每户家庭被抽样的概率为概率—2(Probability—2):

$$Probability—2 = AQ/A_n$$

计算从总户数中抽样的单个家庭的基础权重(overall basic weight):

$$Overall\ basic\ weight = 1/(Probability—1 * Probability—2)$$

表 1　第 1 步结果:样本门禁社区

编号	门禁社区代码	门禁社区类型	户数	累计	随机数
22	样本 1	高端社区	958	12284	11933

（续表）

编号	门禁社区代码	门禁社区类型	户数	累计	随机数
81	样本 2	高端社区	1589	33739	33652
153	样本 3	回迁社区	822	55762	55371
195	样本 4	高端社区	1691	78508	77090
255	样本 5	普通社区	839	98882	98809
306	样本 6	回迁社区	1954	122246	120528
356	样本 7	回迁社区	1118	142986	142247
410	样本 8	高端社区	1780	164288	163966
448	样本 9	普通社区	725	185383	185685
479	样本 10	高端社区	1357	207414	207404
533	样本 11	普通社区	366	229211	229123

表 2　第 2 步结果：样本家庭

序号	门禁社区代码	户数	概率—1（%）	有效问卷数	概率—2（%）	总权重
1	样本 1	958	0.40	94	9.8	$3 * 10^3$
2	样本 2	1589	0.67	94	5.9	$3 * 10^3$
3	样本 3	822	0.34	94	11.4	$3 * 10^3$
4	样本 4	1691	0.71	94	5.6	$3 * 10^3$
5	样本 5	839	0.35	94	11.2	$3 * 10^3$
6	样本 6	1954	0.82	94	4.8	$3 * 10^3$
7	样本 7	1118	0.47	94	8.4	$3 * 10^3$
8	样本 8	1780	0.75	94	5.3	$3 * 10^3$
9	样本 9	725	0.30	94	13.0	$3 * 10^3$
10	样本 10	1357	0.57	94	6.9	$3 * 10^3$
11	样本 11	366	0.15	94	25.7	$3 * 10^3$
总计		13199		1034		

表 3　问卷回收统计

门禁社区代码	问卷分发数	问卷回收数	有效问卷	使用问卷	回收率	有效率
样本 1	124	115	106	94	0.93	0.92
样本 2	132	124	109	94	0.94	0.88
样本 3	152	130	108	94	0.86	0.83
样本 4	135	120	110	94	0.89	0.92
样本 5	112	106	97	94	0.95	0.92
样本 6	138	121	109	94	0.88	0.90
样本 7	160	120	97	94	0.75	0.81
样本 8	115	110	98	94	0.96	0.89
样本 9	137	109	94	94	0.80	0.86
样本 10	135	121	110	94	0.90	0.91
样本 11	116	102	95	94	0.88	0.93
总计	1456	1278	1133	1034		
平均	132	116	103	94	0.88	0.89

附录3 温州抽样门禁社区的位置

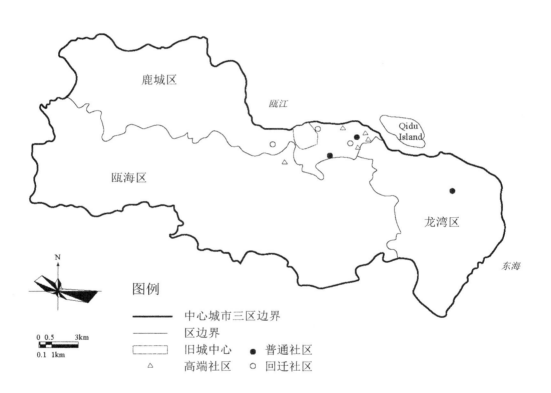

附录4 访谈名单

序号	受访者类型	描述		访谈日期
1		高端社区（别墅）	女性,50岁	2013年12月29日
2		高端社区（别墅）	男性,51岁	2013年12月29日
3		高端社区	女性,38岁	2014年1月7日
4		普通社区	女性,36岁	2014年1月7日
5		普通社区	女性,41岁	2014年1月7日
6		高端社区	女性,25岁	2014年1月7日
7		回迁社区	男性,31岁	2014年1月8日
8	居民	普通社区	女性,26岁	2014年1月12日
9		回迁社区	女性,25岁	2014年1月24日
10		高端社区	男性,50岁	2014年1月27日
11		高端社区	女性,48岁	2014年1月27日
12		普通社区	男性,23岁	2014年2月5日
13		高端社区（别墅）	男性,32岁	2014年2月5日
14		普通社区	女性,50岁	2014年3月4日
15		回迁社区	男性,29岁	2014年3月5日
16			陈先生,私营房地产企业负责人	2014年1月10日
17	开发商		李先生,私营房地产企业负责人	2014年1月13日
18			金先生,国有房地产企业负责人	2014年2月28日

（续表）

序号	受访者类型		描述	访谈日期
19	政府部门		温州市国土资源局副局长	2013 年 12 月 30 日
20			温州市住房与城乡建设局副局长	2013 年 12 月 29 日
21	物业管理公司	回迁社区	翁先生，物业经理	2013 年 3 月 14 日
22		高端社区	郑先生，物业经理	2013 年 3 月 16 日
23		普通社区	李先生，物业经理	2013 年 3 月 17 日
24		高端社区	彭先生，物业经理	2013 年 3 月 17 日

参 考 文 献

[1] Atkinson R and Blandy S (2005) Introduction: international perspectives on the new enclavism and the rise of gated communities. *Housing Studies* 20 (2): 177 – 186.

[2] Bagaeen S and Uduku O (2012) *Gated Communities: Social Sustainability in Contemporary and Historical Gated Developments*. London: Routledge.

[3] Bauman Z (2001) *Community: Seeking Safety in an Insecure World*. Cambridge: Polity Press.

[4] Beck U (1994) Self-dissolution and self-endangerment of industrial society: what does this mean? In: U Beck, A Giddens, S Lash (eds.) *Reflexive Modernization: Politics, Tradition and Aesthetics in the Modern Social Order. Cambridge*: Polity Press, 174 – 215.

[5] Beck U (2000) *The Cosmopolitan Perspective: Sociology of the Second Age of Modernity*. Oxford: Blackwell.

[6] Blakely EJ and Snyder MG (1997) *Fortress America: Gated Communities in the United States*. Washington, D.C.: Brookings Institution Press.

[7] Blandy S, Dixon J, Dupuis A, et al. (2006) The rise of private residential neighbourhoods in England and New Zealand. In G Glasze, C Webster, and K Frantz (eds.) *Private Cities: Global and Local Perspectives*. London: Routledge, 190 – 205.

[8] Borsdorf A and Hidalgo R (2008) New dimensions of social exclusion in Latin America: from gated communities to gated cities, the case of Santiago de Chile. *Land Use Policy* 25(2): 153 – 160.

[9] Brannen J and Coram T (1992) *Mixing Methods: Qualitative and Quantitative Research*. Aldershot: Avebury.

[10] Breitung W (2011) Borders and the city: intra-urban boundaries in Guangzhou (China). *Quaestiones Geographicae* 30(4): 55 - 61.

[11] Breitung W (2012) Enclave urbanism in China: attitudes towards gated communities in Guangzhou. *Urban Geography* 33(2): 278 - 294.

[12] Breton A (1998) *Competitive Governments: An Economic Theory of Politics and Public Finance*. Cambridge: Cambridge University Press.

[13] Bryman A (2012) *Social Research Methods*. Oxford: Oxford University Press.

[14] Buchanan JM (1965) An economic theory of clubs. *Economica* 32(125): 1 -14.

[15] Burawoy M (1998) The extended case method. *Sociological Theory* 16(1): 4 - 33.

[16] Caldeira TP (1996) Fortcified enclaves: the new urban segregation. *Public Culture* 8(2): 303 - 328.

[17] Calthorpe P (1993) *The Next American Metropolis: Ecology, Community, and The American Dream*. New York: Princeton Architectural Press.

[18] Carter P, Jeffs T and Smith M (1992) *Changing Social Work and Welfare*. Buckingham: Open University.

[19] Castells M (1989) *The Informational City: Information Technology, Economic Restructuring, and the Urban-regional Process*. Oxford: Basil Blackwell Oxford.

[20] Charmes E (2009) On the residential 'clubbisation' of French periurban municipalities. *Urban Studies* 46(1): 189 - 212.

[21] Chen SC and Webster CJ (2005) Homeowners associations, collective action and the costs of private governance. *Housing Studies* 20(2): 205 - 220.

[22] China Ministry of Housing and Urban-Rural Development (2009) Guidance on Homeowners' Assembly and Homeowners' Association.

Available at: http://www. mohurd. gov. cn/zcfg/jsbwj _ 0/jsbwjfdcy/
200912/t20091216_198111.html (Accessed on 19th December 2014).

[23] China State Council (2007) Modification on Management Measures on
Property Management Companies. Available at: http://www.wzup.gov.
cn/Art/Art_22/Art_22_217.aspx (Accessed on 19th December 2014).

[24] Clarke J (2004) Dissolving the public realm? The logics and limits of neo-
liberalism. *Journal of Social Policy* 33(1): 27 – 48.

[25] Coy M (2006) Gated communities and urban fragmentation in Latin
America: the Brazilian experience. *GeoJournal* 66(1 – 2): 121 – 132.

[26] Coy M and Pöhler M (2002) Gated communities in Latin American
megacities: case studies in Brazil and Argentina. *Environment and
Planning B: Planning and Design* 29(3): 355 – 370.

[27] Creswell JW (2013) *Research design: Qualitative, Quantitative, and
Mixed Methods Approaches*. Thousand Oaks, CA: Sage.

[28] Cséfalvay Z (2011a) Gated communities for security or prestige? A public
choice approach and the case of Budapest. *International Journal of Urban
and Regional Research* 35(4): 735 – 752.

[29] Cséfalvay Z (2011b) Searching for economic rationale behind gated
communities: a public choice approach. *Urban Studies* 48(4): 749 – 764.

[30] Cséfalvay Z and Webster C (2012) Gates or no gates? A cross-European
enquiry into the driving forces behind gated communities. *Regional Studies*
46(3): 293 – 308.

[31] Davis D (2000) *The consumer Revolution in Urban China*. Berkeley, CA:
University of California Press.

[32] Davis M (1990) City of Quartz. *Excavating the Future in Los Angeles*. New
York: Verso.

[33] de Duren NRL (2007) Gated communities as a municipal development
strategy. *Housing Policy Debate* 18(3): 607 – 626.

[34] do Rio Caldeira TP (2000) *City of Walls: Crime, Segregation, and
Citizenship in São Paulo*. Berkeley, CA: University of California Press.

[35] Douglass M，Wissink B and van Kempen R（2012）Enclave urbanism in China：consequences and interpretations. *Urban Geography* 33(2)：167 – 182.

[36] Dowling R，Atkinson R and McGuirk P（2010）Privatism，privatisation and social distinction in master-planned residential estates. *Urban Policy and Research* 28(4)：391 – 410.

[37] Duncan JS and Duncan NG（2001）Sense of place as a positional good：locating Bedford in space and time. *Textures of Place*：*Exploring Humanist Geographies*：41 – 54.

[38] Duncan N（2003）*Landscapes of Privilege*：*The Politics of the Aesthetic in an American Suburb*. New York：Routledge.

[39] Durington M（2006）Race，space and place in suburban Durban：an ethnographic assessment of gated community environments and residents. *GeoJournal* 66(1 – 2)：147 – 160.

[40] Durington M（2011）Private Cities：Global and Local Perspectives-By Georg Glasze，Chris Webster and Klaus Frantz；Gated Communities-By Rowland Atkinson and Sarah Blandy：Book reviews. *International Journal of Urban and Regional Research* 35(1)：207 – 211.

[41] Ekers M，Hamel P and Keil R（2012）Governing suburbia：modalities and mechanisms of suburban governance. *Regional Studies* 46(3)：405 – 422.

[42] Essex SJ and Brown GP（1997）The emergence of post - suburban landscapes on the north coast of New South Wales：a case study of contested space. *International Journal of Urban and Regional Research* 21(2)：259 – 287.

[43] Fainstein SS（2010）*The Just City*. New York：Cornell University Press.

[44] Fan CC（2008）China on the move：migration，the state，and the household. *The China Quarterly* 196：924 – 956.

[45] Fang Y（2006）Residential satisfaction，moving intention and moving behaviours：a study of redeveloped neighbourhoods in inner-city Beijing. *Housing Studies* 21(5)：671 – 694.

[46] Feng J, Zhou Y and Wu F (2008) New trends of suburbanization in Beijing since 1990: From government-led to market-oriented. *Regional Studies* 42 (1): 83 – 99.

[47] Ferge Z (1997) The changed welfare paradigm: the individualization of the social. *Social Policy & Administration* 31(1): 20 – 44.

[48] Fleischer F (2010) *Suburban Beijing: housing and consumption in contemporary China*. Minnesota: University of Minnesota Press.

[49] Flyvbjerg B (2006) Five misunderstandings about case-study research. *Qualitative Inquiry* 12(2): 219 – 245.

[50] Foldvary F (1994) *Public Goods and Private Communities: The Market Provision of Social Services*. London: Edward Elgar.

[51] Forrest R and Yip N-M (2007) Neighbourhood and neighbouring in contemporary Guangzhou. *Journal of Contemporary China* 16(50): 47 – 64.

[52] Frost L and Dingle T (1995) Sustaining suburbia: an historical perspective on Australia's urban growth. In Troy P (ed.) *Australian Cities: Issues, Strategies and Policies for Urban Australia in the* 1990s. Cambridge: Cambridge University Press: 20 – 39.

[53] Fu Q and Lin N (2013) The weaknesses of civic territorial organizations: civic engagement and homeowners associations in urban China. *International Journal of Urban and Regional Research*: 38(6): 2309 – 2327.

[54] Gardner R and Walker J (1994) *Rules, Games, and Common-Pool Resources*. Ann Arbor: University of Michigan Press.

[55] Glasze G (2005) Some reflections on the economic and political organisation of private neighbourhoods. *Housing Studies* 20(2): 221 – 233.

[56] Glasze G and Alkhayyal A (2002) Gated housing estates in the Arab world: case studies in Lebanon and Riyadh, Saudi Arabia. *Environment and Planning B* 29(3): 321 – 336.

[57] Glasze G, Webster C and Frantz K (2005) *Private Cities: Global and Local Perspectives*. London: Routledge.

[58] Goodman R and Douglas K (2010) Life in a master planned estate—community and lifestyle or conflict and liability? *Urban Policy and Research* 28(4): 451 – 469.

[59] Goodman R, Douglas K and Babacan A (2010) Master planned estates and collective private assets in Australia: research into the attitudes of planners and developers. *International Planning Studies* 15(2): 99 – 117.

[60] Gordon TM (2004) Moving up by moving out? Planned developments and residential segregation in California. *Urban Studies* 41(2): 441 – 461.

[61] Grant J (2005) Planning responses to gated communities in Canada. *Housing Studies* 20(2): 273 – 285.

[62] Grant J and Mittelsteadt L (2004) Types of gated communities. *Environment and Planning B* 31(6): 913 – 930.

[63] Grant J and Rosen G (2009) Armed compounds and broken arms: The cultural production of gated communities. *Annals of the Association of American Geographers* 99(3): 575 – 589.

[64] Guest AM and Wierzbicki SK (1999) Social ties at the neighborhood level two decades of GSS evidence. *Urban Affairs Review* 35(1): 92 – 111.

[65] Gwyther G (2005) Paradise planned: community formation and the master planned estate. Urban Policy and Research 23(1): 57 – 72.

[66] Hall PG and Ward C (1998) *Sociable Cities: the Legacy of Ebenezer Howard*. Chichester: J. Wiley.

[67] Hamel P and Keil R (2015) *Suburban Governance: a Global View*. Toronto: University of Toronto Press.

[68] Harvey D (1985) *The Urbanization of Capital*. Oxford: Blackwell Oxford.

[69] Harvey D (2003) *The New Imperialism*. Oxford: Oxford University Press.

[70] Hayden D (2003) *Building suburbia: Green fields and urban growth, 1820—2000*. New York: Pantheon Book.

[71] He S (2013) Evolving enclave urbanism in China and its socio-spatial implications: the case of Guangzhou. *Social & Cultural Geography* 14(3): 243 – 275.

[72] He S (2015) Homeowner associations and neighborhood governance in Guangzhou, China. *Eurasian Geography and Economics* 56(3): 260 – 284.

[73] He S and Wu F (2007) Socio-spatial impacts of property-led redevelopment on China's urban neighbourhoods. *Cities* 24(3): 194 – 208.

[74] Helsley RW and Strange WC (1999) Gated communities and the economic geography of crime. *Journal of Urban Economics* 46(1): 80 – 105.

[75] Hidalgo MC and Hernandez B (2001) Place attachment: conceptual and empirical questions. *Journal of Environmental Psychology* 21(3): 273 – 281.

[76] Hirschman AO (1970) *Exit, Voice, and Loyalty: Responses to Decline in Firms, Organizations, and States*. Cambridge: Harvard University Press.

[77] Hirt S (2007) Suburbanizing Sofia: characteristics of post-socialist peri-urban change. *Urban Geography* 28(8): 755 – 780.

[78] Hirt SA (2012) *Iron Curtains: Gates, Suburbs and Privatization of Space in the Post-socialist City*. Oxford: Wiley-Blackwell.

[79] Hook D and Vrdoljak M (2002) Gated communities, heterotopia and a 'rights' of privilege: a 'heterotopology' of the South African security-park. *Geoforum* 33(2): 195 – 219.

[80] Hsing Y-T (2010) *The Great Urban Transformation: Politics of Land and Property in China*. New York: Oxford University Press.

[81] Hu X and Kaplan DH (2001) The emergence of affluence in Beijing: residential social stratification in China's capital city. *Urban Geography* 22(1): 54 – 77.

[82] Huang Y (2004) The road to homeownership: a longitudinal analysis of tenure transition in urban China (1949 – 94). *International Journal of Urban and Regional Research* 28(4): 774 – 795.

[83] Huang Y (2006) Collectivism, political control, and gating in Chinese cities. *Urban Geography* 27(6): 507 – 525.

[84] Huang Y (2013) From Work-unit Compounds to Gated Communities: housing inequality and residential segregation in transitional Beijing. In Ma L J C and Wu F (eds.) *Restructuring the Chinese City: Changing Society*,

Economy and Space. London: Routledge: 192 – 221.

[85] Huang Y and Clark WA (2002) Housing tenure choice in transitional urban China: a multilevel analysis. *Urban studies* 39(1): 7 – 32.

[86] Huttman ED (1991) *Urban Housing Segregation of Minorities in Western Europe and the United States*. Durham, N.C.: Duke University Press.

[87] Imrie R and Raco M (1999) How new is the new local governance? Lessons from the United Kingdom. *Transactions of the Institute of British Geographers* 24(1): 45 – 63.

[88] Jessop RD (2002) *The Future of the Capitalist state*. Cambridge: Polity Press.

[89] Johnson LC (2010) Master planned estates: pariah or panacea? *Urban Policy and Research* 28(4): 375 – 390.

[90] Katz P, Scully VJ and Bressi TW (1994) *The New Urbanism: Toward an Architecture of Community*. New York: McGraw-Hill.

[91] Keil R (2013) *Suburban Constellations: Governance, Land and Infrastructure in the 21st Century*. Berlin: Jovis Verlag.

[92] Kemeny J (1981) *The Myth of Home-ownership: Private versus Public Choices in Housing Tenure*. London: Routledge.

[93] Kirby A (2008) The production of private space and its implications for urban social relations. *Political Geography* 27(1): 74 – 95.

[94] Knox PL (1991) The restless urban landscape: economic and sociocultural change and the transformation of metropolitan Washington, DC. *Annals of the Association of American Geographers* 81(2): 181 – 209.

[95] Knox PL (2008) *Metroburbia, USA*. New Brunswick, N.J.: Rutgers University Press.

[96] Landman K (2006) Privatising public space in post-apartheid South African cities through neighbourhood enclosures. *GeoJournal* 66(1 – 2): 133 – 146.

[97] Landman K and Schönteich M (2002) Urban fortresses: gated communities as a reaction to crime. *African Security Review* 11(4): 71 – 85.

[98] Lang R (2003) *Edgeless Cities: Exploring the Elusive Metropolis*. Washington, D.C.: Brookings Institution Press.

[99] Le Goix R (2005) Gated communities: sprawl and social segregation in Southern California. *Housing Studies* 20(2): 323 – 343.

[100] Le Goix R and Webster CJ (2008) Gated communities. *Geography Compass* 2(4): 1189 – 1214.

[101] Lemanski C (2006) Spaces of exclusivity or connection? Linkages between a gated community and its poorer neighbour in a Cape Town master plan development. *Urban Studies* 43(2): 397 – 420.

[102] Li S and Song Y (2009) Redevelopment, displacement, housing conditions, and residential satisfaction: a study of Shanghai. *Environment and Planning A* 41(5): 1090 – 1108.

[103] Li S and Yi Z (2007) The road to homeownership under market transition Beijing, 1980 – 2001. *Urban Affairs Review* 42(3): 342 – 368.

[104] Li S, Zhu Y and Li L (2012) Neighborhood type, gatedness, and residential experiences in Chinese cities: a study of Guangzhou. *Urban Geography* 33(2): 237 – 255.

[105] Li Z and Wu F (2008) Tenure - based residential segregation in post - reform Chinese cities: a case study of Shanghai. *Transactions of the Institute of British Geographers* 33(3): 404 – 419.

[106] Li Z and Wu F (2013) Residential satisfaction in China's informal settlements: a case study of Beijing, Shanghai, and Guangzhou. *Urban Geography* 34(7): 923 – 949.

[107] Lin GC (2001) Metropolitan development in a transitional socialist economy: spatial restructuring in the Pearl River Delta, China. *Urban Studies* 38(3): 383 – 406.

[108] Lin GCS (2011) *Developing China: Land, Politics and Social Conditions*. London: Routledge.

[109] Lin W-I and Kuo C (2013) Community governance and pastorship in Shanghai: a case study of Luwan district. *Urban Studies* 50(6): 1260 –

1276.

[110] Liu Y, He S, Wu F, et al. (2010) Urban villages under China's rapid urbanization: unregulated assets and transitional neighbourhoods. *Habitat International* 34(2): 135 – 144.

[111] Liu Y, Wu F, Liu Y, et al. (2016) Changing neighbourhood cohesion under the impact of urban redevelopment: a case study of Guangzhou, China. *Urban Geography* 00: 1 – 25. Advanced online publication, doi: 10.1080/02723638.

[112] Logan J and Molotch H (1987) *Urban Fortunes: The Political Economy of Place*. Berkeley: University of California Press.

[113] Low S (2006) Towards a theory of urban fragmentation: a cross-cultural analysis of fear, privatization, and the state. Proceedings: *Cybergéo: Systemic Impacts and Sustainability of Gated Enclaves in the City*, Pretoria, South Africa, February 28 – March 3, Paris, France.

[114] Low SM (2001) The edge and the center: gated communities and the discourse of urban fear. *American Anthropologist* 103(1): 45 – 58.

[115] Low SM (2003) *Behind the Gates: Life, Security, and the Pursuit of Happiness in Fortress America*. New York: Routledge.

[116] Low SM and Altman I (1992) *Place Attachment*. New York: Springer.

[117] Lucy WH and Phillips DL (1997) The post-suburban era comes to Richmond: city decline, suburban transition, and exurban growth. *Landscape and Urban Planning* 36(4): 259 – 275.

[118] Madrazo B and van Kempen R (2012) Explaining divided cities in China. *Geoforum* 43(1): 158 – 168.

[119] Manzi T and Smith-Bowers B (2005) Gated communities as club goods: segregation or social cohesion? *Housing Studies* 20(2): 345 – 359.

[120] Manzo LC and Perkins DD (2006) Finding common ground: The importance of place attachment to community participation and planning. *Journal of Planning Literature* 20(4): 335 – 350.

[121] Marcuse P (1997) The ghetto of exclusion and the fortified enclave new

patterns in the United States. *American Behavioral Scientist* 41(3): 311 – 326.

[122] Marquardt N, Füller H, Glasze G, et al. (2013) Shaping the urban renaissance: new-build luxury developments in Berlin. *Urban Studies* 50 (8): 1540 – 1556.

[123] Masotti LH and Hadden JK (1973) *The Urbanization of the Suburbs*. Beverly Hills: Sage Publications.

[124] Massey DS and Denton NA (1993) *American Apartheid: Segregation and the Making of the Underclass*. London: Harvard University Press.

[125] McDonald JF and Prather PJ (1994) Suburban employment centres: the case of Chicago. *Urban Studies* 31(2): 201 – 218.

[126] McGuirk P and Dowling R (2009) Neoliberal privatisation? Remapping the public and the private in Sydney's master planned residential estates. *Political Geography* 28(3): 174 – 185.

[127] McGuirk P and Dowling R (2011) Governing social reproduction in master planned estates urban politics and everyday life in Sydney. *Urban Studies* 48(12): 2611 – 2628.

[128] McGuirk PM and Dowling R (2007) Understanding master-planned estates in Australian cities: a framework for research. *Urban Policy and Research* 25(1): 21 – 38.

[129] McKenzie E (1994) *Privatopia: Homeowner Associations and the Rise of Residential Private Government*. New Haven: Yale University Press.

[130] McKenzie E (2003) Private gated communities in the American urban fabric: emerging trends in their production, practices, and regulation. Proceedings: *Conference Gated Communities: Building Social Division or Safer Communities*, September 18 – 19, Glasgow, UK.

[131] McKenzie E (2005) Constructing the Pomerium in Las Vegas: a case study of emerging trends in American gated communities. *Housing Studies* 20(2): 187 – 203.

[132] Mingers J and Brocklesby J (1997) Multimethodology: towards a

framework for mixing methodologies. *Omega* 25(5): 489 – 509.

[133] Molotch H (1976) The city as a growth machine: toward a political economy of place. *American Journal of Sociology* 82(2): 309 – 332.

[134] Morange M, Folio F, Peyroux E, et al. (2012) The spread of a transnational model: 'gated communities' in three Southern African cities (Cape Town, Maputo and Windhoek). *International Journal of Urban and Regional Research* 36(5): 890 – 914.

[135] Peck J (2011) Neoliberal suburbanism: frontier space. *Urban Geography* 32(6): 884 – 919.

[136] Peck J and Zhang J (2013) A variety of capitalism... with Chinese characteristics? *Journal of Economic Geography* 13(3): 357 – 396.

[137] Phelps NA (2015) *Sequel to Suburbia: Glimpses of America's Post-suburban Future*. Cambridge, Massachusetts: MIT Press.

[138] Phelps NA and Wood AM (2011) The new post-suburban politics? *Urban Studies* 48(12): 2591 – 2610.

[139] Phelps NA and Wu F (2011) *International Perspectives on Suburbanization: A Post-Suburban World?* Houndmills, Basingstoke, Hampshire: Palgrave Macmillan.

[140] Phelps NA, Parsons N, Ballas D, et al. (2006) *Post-suburban Europe: Planning and Politics at the Margins of Europe's Capital Cities*. Basingstoke, Hampshire: Palgrave Macmillan.

[141] Phelps NA, Wood AM and Valler DC (2010) A post-suburban world? An outline of a research agenda. *Environment and Planning A* 42(2): 366 – 383.

[142] Pirez P (2002) Buenos Aires: fragmentation and privatization of the metropolitan city. *Environment and Urbanization* 14(1): 145 – 158.

[143] Pow C-P (2009a) *Gated Communities in China: Class, Privilege and the Moral Politics of the Good Life*. Abingdon, Oxon: Routledge.

[144] Pow C-P (2009b) Public intervention, private aspiration: Gated communities and the condominisation of housing landscapes in Singapore.

Asia Pacific Viewpoint 50(2): 215 – 227.

[145] Pow C-P (2014) Urban dystopia and epistemologies of hope. *Progress in Human Geography*. doi:10.1177/0309132514544805.

[146] Putnam RD (1995) Bowling alone: America's declining social capital. *Journal of Democracy* 6(1): 65 – 78.

[147] Raco M (2009) From expectations to aspirations: State modernisation, urban policy, and the existential politics of welfare in the UK. *Political Geography* 28(7): 436 – 444.

[148] Raco M and Imrie R (2000) Governmentality and rights and responsibilities in urban policy. *Environment and Planning A* 32(12): 2187 – 2204.

[149] Raco M, Imrie R and Lin W (2011) Community governance, critical cosmopolitanism and urban change: observations from Taipei, Taiwan. *International Journal of Urban and Regional Research* 35(2): 274 – 294.

[150] Raposo R (2006) Gated communities, commodification and aestheticization: The case of the Lisbon metropolitan area. *GeoJournal* 66(1 – 2): 43 – 56.

[151] Read B (2012) *Roots of the state: Neighborhood organization and social networks in Beijing and Taipei*. Stanford, CA: Stanford University Press.

[152] Read BL (2003) Democratizing the neighbourhood? New private housing and home-owner self-organization in urban China. *The China Journal* 49: 31 – 59.

[153] Ren J and Luger J (2014) Comparative urbanism and the 'Asian city': implications for research and theory. *International Journal of Urban and Regional Research* 39(1): 145 – 156.

[154] Riger S and Lavrakas PJ (1981) Community ties: patterns of attachment and social interaction in urban neighborhoods. *American Journal of Community Psychology* 9(1): 55 – 66.

[155] Robinson J (2011) Cities in a world of cities: the comparative gesture. *International Journal of Urban and Regional Research* 35(1): 1 – 23.

[156] Roitman S (2005) Who segregates whom? The analysis of a gated community in Mendoza, Argentina. *Housing Studies* 20(2): 303 – 321.

[157] Roitman S and Phelps N (2011) Do gates negate the city? Gated communities' contribution to the urbanisation of suburbia in Pilar, Argentina. *Urban Studies* 48(16): 3487 - 3509.

[158] Roitman S, Webster C and Landman K (2010) Methodological frameworks and interdisciplinary research on gated communities. *International Planning Studies* 15(1): 3 - 23.

[159] Salcedo R and Torres A (2004) Gated communities in Santiago: wall or frontier? *International Journal of Urban and Regional Research* 28(1): 27 -44.

[160] Samuelson PA (1954) The pure theory of public expenditure. *The Review of Economics and Statistics* 64(5): 387 - 389.

[161] Schelling TC (1969) Models of segregation. *The American Economic Review* 59(2): 488 - 493.

[162] Sennett R (1997) *The Fall of Public Man*. Cambridge: Cambridge University Press.

[163] Shen J and Wu F (2012) The development of master-planned communities in Chinese suburbs: a case study of Shanghai's Thames town. *Urban Geography* 33(2): 183 - 203.

[164] Shen J and Wu F (2013) Moving to the suburbs: demand-side driving forces of suburban growth in China. *Environment and Planning A* 45(8): 1823 - 1844.

[165] Silverman D (2013) *Doing Qualitative Research: A Practical Handbook*. London: SAGE Publications.

[166] Smith SJ (1989) *The Politics of 'Race' and Residence: Citizenship, Segregation and White Supremacy in Britain*. Cambridge: Polity Press.

[167] Steckler A, McLeroy KR, Goodman RM, et al. (1992) Toward integrating qualitative and quantitative methods: an introduction. *Health Education Quarterly* 19(1): 1 - 8.

[168] Talen E (1999) Sense of community and neighbourhood form: an assessment of the social doctrine of new urbanism. *Urban Studies* 36(8):

1361 – 1379.

[169] Tanulku B (2012) Gated communities: from 'self-sufficient towns' to 'active urban agents'. *Geoforum* 43(3): 518 – 528.

[170] Tashakkori A and Teddlie C (1998) *Mixed methodology: Combining Qualitative and Quantitative Approaches*. London: Sage.

[171] Thuillier G (2005) Gated communities in the metropolitan area of Buenos Aires, Argentina: a challenge for town planning. *Housing Studies* 20(2): 255 – 271.

[172] Tiebout CM (1956) A pure theory of local expenditures. *The Journal of Political Economy* 65(5): 416 – 424.

[173] Tomba L (2005) Residential space and collective interest formation in Beijing's housing disputes. *The China Quarterly* 184: 934 – 951.

[174] Van der Graaf P (2009) *Out of Place?: Emotional Ties to the Neighbourhood in Urban Renewal in the Netherlands and the United Kingdom*. Amsterdam: Amsterdam University Press.

[175] Vesselinov E, Cazessus M and Falk W (2007) Gated communities and spatial inequality. *Journal of Urban Affairs* 29(2): 109 – 127.

[176] Walks RA (2006) Aestheticization and the cutural contradictions of neoliberal (sub) urbanism. *Cultural Geographies* 13(3): 466 – 475.

[177] Walks RA (2008) Urban form, everyday life, and ideology: support for privatization in three Toronto neighbourhoods. *Environment and Planning A* 40(2): 258 – 282.

[178] Wang YP and Murie A (2000) Social and spatial implications of housing reform in China. *International Journal of Urban and Regional Research* 24(2): 397 – 417.

[179] Wang Z, Zhang F and Wu F (2015) Intergroup neighbouring in urban China: Implications for the social integration of migrants. *Urban Studies* 53(4): 651 – 668.

[180] Webster C (2001) Gated cities of to-morrow. *Town Planning Review* 72(2): 149 – 170.

[181] Webster C（2002）Property rights and the public realm：gates，green belts，and Gemeinschaft. *Environment and Planning B* 29（3）：397 – 412.

[182] Webster C and Glaze G（2006）Dynamic urban order and the rise of residential clubs. In G Glaze，C Webster，and K Frantz（eds.）*Private Cities：Global and Local Perspectives*. London：Routledge，222 – 237.

[183] Webster C，Glaze G and Frantz K（2002）Guest editorial. *Environment and Planning B：Planning and Design* 29（3）：315 – 320.

[184] Webster CJ and Lai LW-C（2003）*Property Rights，Planning and Markets：Managing Spontaneous Cities*. Cheltenham：Edward Elgar Publishing.

[185] Wei YD，Li W and Wang C（2007）Restructuring industrial districts，scaling up regional development：a study of the Wenzhou model，China. *Economic Geography* 83（4）：421 – 444.

[186] Wenzhou Municipal Government（2010）Rules on Property Warranty Fund in Wenzhou. Available on：http：//www.wzwyzj.com/CentNewMng _ Detail. aspx？ ID = 330300D1F1NIF0201000000006（Accessed on 29th December 2014）.

[187] Wenzhou Municipal Government（2010）*Rules on Property Special Maintenance Fund* in Wenzhou. Available on：http：//www.wzwyzj.com/ CentNewMng _ Detail. aspx？ ID = 330300D1F1NIF0201000000007 （Accessed on 29th December 2014）.

[188] Wenzhou Municipal Government.（2014）*Wenzhou Urban Area Satellite Image*. Hunan：Hunan Map Publishing Company.

[189] Wenzhou Statistic Bureau（2004～2011）*Wenzhou Statistical Yearbook* （from 2004 to 2011）. Beijing：China Architecture and Building Press.

[190] Wilson-Doenges G（2000）An exploration of sense of community and fear of crime in gated communities. *Environment and Behavior* 32（5）：597 – 611.

[191] Woo Y and Webster C（2014）Co-evolution of gated communities and local public goods. *Urban Studies* 51（12）：2539 – 2554.

[192] Woolever C (1992) A contextual approach to neighbourhood attachment. *Urban Studies* 29(1): 99 – 116.

[193] Wu F (2002) China's changing urban governance in the transition towards a more market-oriented economy. *Urban Studies* 39(7): 1071 – 1093.

[194] Wu F (2004) Intraurban residential relocation in Shanghai: modes and stratification. *Environment and Planning A* 36(1): 7 – 26.

[195] Wu F (2005) Rediscovering the 'gate' under market transition: from work-unit compounds to commodity housing enclaves. *Housing Studies* 20 (2): 235 – 254.

[196] Wu F (2010a) Gated and packaged suburbia: Packaging and branding Chinese suburban residential development. *Cities* 27(5): 385 – 396.

[197] Wu F (2010b) How neoliberal is China's reform? The origins of change during transition. *Eurasian Geography and Economics* 51(5): 619 – 631.

[198] Wu F (2012) Neighborhood Attachment, social participation, and willingness to stay in China's low-income communities. *Urban Affairs Review* 48(4): 547 – 570.

[199] Wu F (2015a) Commodification and housing market cycles in Chinese cities. *International Journal of Housing Policy* 15(1): 6 – 26.

[200] Wu F (2015b) *Planning for Growth: Urban and Regional Planning in China*. New York: Routledge.

[201] Wu F (2016) Emerging Chinese cities: Implications for global urban studies. *The Professional Geographer* 68(2): 338 – 348.

[202] Wu F and Phelps NA (2008) From suburbia to post-suburbia in China? Aspects of the transformation of the Beijing and Shanghai global city regions. *Built Environment* 34(4): 464 – 481.

[203] Wu F and Webber K (2004) The rise of 'foreign gated communities' in Beijing: between economic globalization and local institutions. *Cities* 21 (3): 203 – 213.

[204] Wu F, Xu J and Yeh AG-O (2006) *Urban development in Post-reform China: State, Market, and Space*. London: Routledge.

[205] Xu J and Yeh A（2009）Decoding urban land governance： state reconstruction in contemporary Chinese cities. *Urban Studies* 46(3)：559 −581.

[206] Xu X and Li S（1990）China's open door policy and urbanization in the Pearl River Delta region. *International Journal of Urban and Regional Research* 14(1)：49 − 69.

[207] Yin RK（2013）*Case Study Research：Design and Methods* 4th ed. Los Angles：Sage Publication.

[208] Yip N-M（2012）Walled without gates：gated communities in Shanghai. *Urban Geography* 33(2)：221 − 236.

[209] Yip N-M（2014）*Neighbourhood Governance in Urban China*. Cheltenham： Edward Elgar Publishing.

[210] Zhang J and Peck J（2016）Variegated capitalism，Chinese style： Regional models，multi-scalar constructions. *Regional Studies* 50(1)：52 − 78.

[211] Zhang L（2012）*In Search of Paradise：Middle-class Living in a Chinese Metropolis*. Ithaca，NY：Cornell University Press.

[212] Zhou M and Logan JR（1996）Market Transition and the Commodification of Housing in Urban China ＊. *International Journal of Urban and Regional Research* 20(3)：400 − 421.

[213] Zhou Y and Logan JR（2008）Growth on the edge：the new Chinese metropolis. *Urban China in Transition*：140 − 160.

[214] Zhou Y and Ma LJ（2000）Economic restructuring and suburbanization in China. *Urban Geography* 21(3)：205 − 236.

[215] Zhu J（1999）Local growth coalition：the context and implications of China's gradualist urban land reforms. *International Journal of Urban and Regional Research* 23(3)：534 − 548.

[216] Zhu J（2004）Local developmental state and order in China's urban development during transition. *International Journal of Urban and Regional Research* 28(2)：424 − 447.

[217] Zhu J （2009） Anne Haila's 'the market as the new emperor'. *International Journal of Urban and Regional Research* 33(2)：555－557.

[218] Zhu Y，Breitung W and Li S （2012） The changing meaning of neighbourhood attachment in Chinese commodity housing estates：evidence from Guangzhou. *Urban Studies* 49(11)：2439－2457.

索 引

后　记

　　本书源自笔者在伦敦大学学院巴特莱特规划学院的博士论文。在此基础上，笔者增加了自 2017 年在上海交通大学国际与公共事务学院开展科研教学工作以来对中国门禁社区及其社区治理的进一步研究与总结提升，也感谢许多学术机构对该研究的基金支持，包括上海市哲学社会科学规划青年课题（2019ECK001）、上海市浦江人才计划（2019PJC069）、上海交通大学文理交叉基金（17JCYA06）、上海交通大学新进青年启动计划、北京大学林肯研究院城市发展与土地政策研究中心基金。

　　无论是撰写博士论文还是本书，在付梓之际都要将最真挚的感谢给我的导师吴缚龙教授和张芳珠副教授。他们一直给予我在学术研究上最有耐心、最具启发的指导，鼓励我成长为有责任感的学者。从硕士学习至今，吴老师和张老师持续关心和帮助我的科研，支持我通过对门禁社区的研究深入理解中国住房发展与社区治理，深化对城市研究的理论思考。此刻希望再次感谢导师们的无私指导。

　　我也希望将感谢带给武汉大学李志刚教授、香港大学何深静教授、复旦大学沈洁副教授、河海大学李褘副教授、墨尔本大学 Nicholas Phelps 教授和伦敦国王学院 Rob Imrie 教授，感谢他们为我的研究提出了宝贵建议。还要感谢所有帮助我完成田野调研的朋友们、受访者们，他们对中国门禁社区开发与治理的真实见解是本研究的重要实证来源。

　　非常感谢博士期间共事的同学们：张筱青博士、叶如宁博士、孙仪香博士、赵晓雪博士、王政博士、刘于琪博士、朱天可博士、张巍泷、刘思遥博士、Calvin Chung 博士、曹梦秋博士、刘璨珣博士、苗田博士、李迎成博士、张月蓉博士、Bong Kyung Jeon 博士、Ji Hyun Kim 博士、Jae Kwang Lee 博士、Veeramon Nithy 博士和其他好朋友们。我们之间的学术讨论促进了各自研究的进步。

　　最后并且最重要的,是感谢我的父母对我学习和生活的无条件支持。他们的关心和爱护是我最珍贵的动力。

卢婷婷

2019 年 11 月于上海